国家自然科学基金-河南省联合基金（U1604118）资助

碳化硬化型胶凝材料

刘松辉　著

中国矿业大学出版社
·徐州·

内 容 提 要

本书针对传统水泥胶凝材料烧成温度高、二氧化碳排放量大等问题,基于二氧化碳矿化利用的思想,提出了将胶凝材料低钙矿物设计同二氧化碳矿物封存多过程耦合的工艺路线(二氧化碳养护低钙硅酸钙以制备碳化硬化型胶凝材料),并从硅酸钙/铝酸钙单矿煅烧制备、碳化反应热力学和动力学、碳化硬化机理、复合硅酸钙体系胶凝材料设计、工业固废碳化资源化利用等多方面研究了所涉及的化学理论、工程技术原理、工艺优化等内容,形成了绿色低碳碳化硬化型胶凝材料新的制备路线,对于降低能耗、减排二氧化碳、处理工业固废、生产有用建筑预制品等具有重要意义。

本书可供材料、化工、环保领域的科研人员、工程技术人员以及研究生参考使用。

图书在版编目(CIP)数据

碳化硬化型胶凝材料 / 刘松辉著. —徐州:中国
矿业大学出版社,2021.8
　ISBN 978 - 7 - 5646 - 5110 - 7

　Ⅰ. ①碳… Ⅱ. ①刘… Ⅲ. ①胶凝材料—研究 Ⅳ.
①TB321

　中国版本图书馆 CIP 数据核字(2021)第 170061 号

书　　名	碳化硬化型胶凝材料
著　　者	刘松辉
责任编辑	杨　洋
出版发行	中国矿业大学出版社有限责任公司
	(江苏省徐州市解放南路　邮编 221008)
营销热线	(0516)83884103　83885105
出版服务	(0516)83995789　83884920
网　　址	http://www.cumtp.com　**E-mail**:cumtpvip@cumtp.com
印　　刷	江苏凤凰数码印务有限公司
开　　本	787 mm×1092 mm　1/16　**印张** 9.25　**字数** 230 千字
版次印次	2021 年 8 月第 1 版　2021 年 8 月第 1 次印刷
定　　价	36.00 元

(图书出现印装质量问题,本社负责调换)

前　　言

　　我国 2019 年水泥产量为 23.3 亿 t,约占世界水泥总产量的 60%,其中熟料产量约为 14 亿 t。每生产 1 t 水泥熟料由石灰石和黏土等原材料分解产生的二氧化碳(CO_2)排放量约为 0.85 t,再加上水泥粉磨过程中的二氧化碳排放量,2019 年水泥工业的 CO_2 总排放量在 12 亿 t 以上。2019 年全球 CO_2 排放量为 321 亿 t,我国为 110.3 亿 t,因此水泥工业的 CO_2 排放量约占总排放量的 10.9%。

　　我国目前基础设施建设仍处于高峰期,国家"十三五"期间交通运输总投资达 15 万亿。如此巨大的基础设施建设规模对水泥的需求量巨大,这对我国的碳中和承诺(2030 年单位国内生产总值二氧化碳排放量将比 2005 年下降 65% 以上;2060 年前努力争取实现碳中和)造成巨大的压力。因此,开发与推广新型低钙胶凝材料和降低传统水泥行业二氧化碳的排放量意义重大。

　　另外,水泥基材料能够与二氧化碳气体发生反应生成稳定的碳酸盐和凝胶产物,这为水泥行业进一步大幅降低二氧化碳排放量和实现二氧化碳的矿物封存提供可能。但是以往的研究主要集中在二氧化碳对水泥基材料的破坏和侵蚀作用方面。目前关于利用二氧化碳养护水泥基材料制备绿色建材制品以及生产专门用于碳化养护的碳化硬化型胶凝材料的文献资料还很缺乏。

　　本书可供从事材料、化工、环保领域的科研人员、工程技术人员以及研究生参考使用。

　　本书整理了课题组在碳化硬化型胶凝材料方面的最新成果和相关资料,撰写过程中参考并引用了材料、化工、环保领域众多专家、学者及工程技术人员的观点与资料,在此表示诚挚的谢意。河南理工大学邱满和魏红姗硕士也参与了部分内容的撰写。河南理工大学管学茂教授对本书的撰写与出版提供了大力支持。

　　限于时间及作者学术水平,书中不足之处敬请广大读者批评指正。

作　者

2020 年 12 月

目　　录

第 1 章 引 言

1.1 碳化硬化型胶凝材料的发展史

碳化硬化型胶凝材料可以追溯到古罗马时期,那时候的人们发现由石灰、沙子和水制成的砂浆在与大气中 CO_2 反应硬化后具有更高的胶结强度,在中国长城的建造过程中也有类似应用。

19 世纪初,普通硅酸盐水泥(Portland cement,简称 PC)这种水硬性胶凝材料被发明,为如今庞大的混凝土行业奠定基础。PC 与水混合后,水化生成水化硅酸钙凝胶(C-S-H)、氢氧化钙(CH)、钙矾石(AFt)等而获得强度。但是 CO_2 会对硬化的 PC 产生不利影响,因为随着时间的推移 CO_2 会逐渐分解水化产物,从而使混凝土劣化。人们认为这些水化产物长期暴露于大气中会发生碳酸化反应,脱钙变成硅胶并失去其胶凝能力[1-2]。同时,碳酸化反应也会对 PC 水化所提供的高碱性环境(孔隙溶液 pH 值在 13 以上)产生中和作用,从而增大了预埋钢筋被腐蚀的风险[3-5]。大气中的 CO_2 对水泥混凝土的有害影响被称为自然碳酸化。

但是在过去的十年中,越来越多的学者注意到 CO_2 对水泥基材料有利的一面[6-10]。简单地说,CO_2 养护水泥基材料有两个有益功能:① 力学性能迅速提高,主要是因为 CO_2 快速提高了硅酸钙的反应程度,迅速生成了碳酸钙和凝胶等碳化产物;② 安全封存温室气体 CO_2。

事实上,用 CO_2 养护水泥基材料最初是在 20 世纪 70 年代被提出的[11-14],由于当时生产纯 CO_2 的成本较高,且自然碳酸化作用的负面影响明显,故该方法当时未得到高度重视。然而近些年来,减少温室气体排放的紧迫性重新激发了人们用 CO_2 养护水泥基材料的研究兴趣。研究发现 CO_2 养护能够显著提高水泥基材料的力学性能,且制品的弹性模量和耐久性也得到提高[15-16]。此外,更为重要的是,某些无水化反应活性或者反应活性较弱的低钙矿物[如钙橄榄石(γ-C_2S)、硅钙石(C_3S_2)和硅灰石(CS)]以及一些包含这些低钙硅酸钙矿物的工业废弃物(如钢渣、烧结法赤泥、镁渣等),在碳化反应后强度得到迅速提高[17-20]。

与 CO_2 破坏水泥水化产物的自然碳酸化作用不同,碳化硬化胶凝材料是指利用较高浓度和一定压力的 CO_2 直接与未水化的矿物反应生成的碳化硬化体,而不是先形成水化硬化体再发生碳化反应。为了与有害的自然碳酸化区别,使用了"加速碳化硬化"一词,这种类型的碳化硬化通常在几天甚至几小时内完成。

1.2 碳化硬化型胶凝材料的机遇与挑战

碳化能够迅速提高水泥基材料的早期力学性能,大幅缩短养护时间,还能够封存温室气体二氧化碳,这对于预制建筑制品(砌筑块材、铺路石、水泥板等)行业来说是一个巨大机遇。传统的预制建筑制品通常需要自然养护 28 d,采用蒸汽养护也需要 24 h 才能达到预期的强度,养护周期长。在蒸汽养护过程中需要保持较高的温度(50~70 ℃)和相对湿度(95% 以上),虽然蒸汽养护提高了强度发展速度,但是从长远来看,可能会出现其他不太理想的副作用。此外,蒸汽养护时能量消耗高。碳化养护水泥基制品能够迅速获得早期强度,且继续水化养护时未碳化的矿物能够继续发生水化反应,强度能够继续增长,这为快速提高预制建筑制品的性能提供了一种新的技术途径。除了传统的水泥基材料,在过去的十几年内出现了一些非水硬性低钙胶凝材料,除了生产温度较低(与 PC 相比)外,还可以在硬化过程中储存大量的二氧化碳气体。但是对这些低钙胶凝材料的制备、碳化硬化特性及机理、碳化硬化体结构及硬化性能之间的关系等的研究需进一步完善。

1.3 本书主要内容

本书主要包括 6 章内容:第 1 章引言;第 2 章主要论述一些硅酸钙和铝酸钙单矿的制备、碳化反应热力学和动力学、碳化产物的结构及碳化硬化性能;第 3 章主要论述自粉化低钙胶凝材料的制备及碳化硬化性能;第 4 章主要论述 C_3S_2-CS 型低钙胶凝材料的制备及碳化硬化性能;第 5 章主要论述工业废渣赤泥的碳化硬化性能及其制品;第 6 章主要论述 C_2S-C_4AF-$C_{12}A_7$ 型低钙胶凝材料的制备及其碳化硬化性能。

第 2 章　单矿的碳化反应特性及碳化硬化性能

2.1　引言

水泥是世界上消耗量最大的人造建筑材料,全世界每年水泥产量达 40 亿～50 亿 t,生产水泥的原材料广泛存在于自然界中。地壳中丰度最大的五种元素为 O、Si、Al、Fe、Ca,其氧化物 CaO、SiO_2、Al_2O_3 和 Fe_2O_3 为水泥的主要化学组成部分。

普通硅酸盐水泥熟料以硅酸三钙(C_3S)为主要矿物。熟料烧成温度较高,一般为 1 450 ℃。在不考虑其他热损失的前提下,熟料的烧成热耗包括两个方面:一是熟料矿物(主要是 C_3S 矿物)的高温形成;二是生料中碳酸盐的分解。其中 $CaCO_3$ 分解热耗占熟料理论烧成热耗的 46% 左右[21-22]。因此,普通硅酸盐水泥熟料烧成的高能耗的根本原因是其高钙矿物设计。此外,高钙矿物设计还导致优质石灰石和煤资源的过多消耗,以及温室气体 CO_2 和有害气体 SO_2、NO_x 等的大量排放,从而使水泥工业的能源、资源消耗及环境负荷增大加剧[9,23]。

降低水泥中氧化钙含量,设计新的低钙胶凝材料体系,并进行碳化养护,能够有效降低烧成能耗和减少二氧化碳排放量[24-25]。由热力学分析可知:硅酸钙和铝酸钙矿物均能与二氧化碳发生反应,但是各矿物在不同碳化条件下的碳化反应过程、反应速率、反应程度不同,碳化后获得的硬化性能存在很大差异。因此需要研究各矿物的碳化动力学,建立各矿物的碳化动力学模型;研究碳化反应条件等对碳化反应速率和碳化程度的影响规律,建立碳化产物组成、微观结构与碳化硬化性能之间的关系,揭示各单矿碳化硬化机理,为碳化硬化型低钙胶凝材料的矿物组成设计提供理论依据。因此,本章研究了各低钙硅酸钙和铝酸钙矿物的制备及碳化硬化性能。

2.2　硅酸钙单矿的制备

2.2.1　CaO-SiO₂ 二元相图分析

CaO-SiO_2 二元相图如图 2-1 所示。由图 2-1 可知:CaO-SiO_2 系统中有 4 种硅酸盐矿物(C_3S、C_2S、C_3S_2 和 CS)。C_2S 和 CS 属于一致熔融化合物,C_3S 和 C_3S_2 属于不一致熔融化合物,高温会分解。由于 C_3S 为高钙矿物,是现有硅酸盐水泥中的主要组成矿物,这里不再考虑,主要研究 C_2S、C_3S_2 和 CS 3 种低钙硅酸钙矿物。

C_2S(2CaO·SiO_2 或 Ca_2SiO_4)有 α、$α_{H'}$、$α_{L'}$、β 和 γ 5 种晶型。常温下的稳定相是 γ-C_2S,具有典型的橄榄石结构,结构中[SiO_4]四面体是通过[CaO_6]八面体连接在一起形成空间三

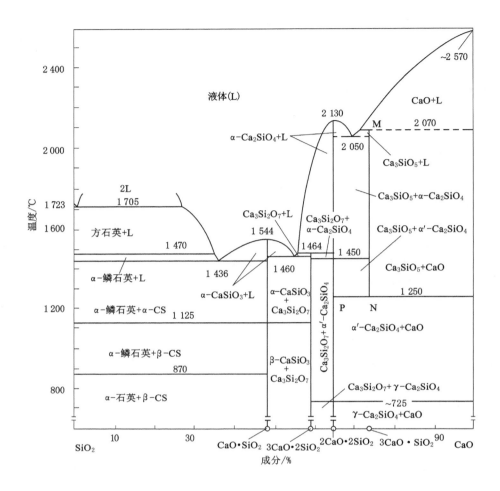

图 2-1　CaO-SiO₂ 系统相图[26]

维结构，Ca^{2+} 的配位数为 6，而介稳相 $\beta\text{-}C_2S$ 中 Ca^{2+} 的配位数为 6 和 8，$\alpha_{L'}\text{-}C_2S$ 中 Ca^{2+} 的配位数为 9 和 10[26-27]。

C_2S 各种晶型之间的转变关系如下[28]：

$$\gamma\text{-}C_2S \underset{525\,℃}{\overset{725\,℃}{\rightleftharpoons}} \alpha_{L'}\text{-}C_2S \xrightarrow{1\,160\,℃} \alpha_{H'}\text{-}C_2S \xrightarrow{1\,420\,℃} \alpha\text{-}C_2S \xrightarrow{2\,130\,℃} 熔体$$

$$\beta\text{-}C_2S \overset{670\,℃}{\nearrow}$$

可以看出：加热时多晶转变的顺序是：$\gamma\text{-}C_2S \to \alpha_{L'}\text{-}C_2S \to \alpha_{H'}\text{-}C_2S \to \alpha\text{-}C_2S$。但冷却时多晶转变的顺序是：$\alpha\text{-}C_2S \to \alpha_{H'}\text{-}C_2S \to \alpha_{L'}\text{-}C_2S \to \beta\text{-}C_2S \to \gamma\text{-}C_2S$。$\alpha_{L'}\text{-}C_2S$ 冷却时在 725 ℃ 可以转变为 $\gamma\text{-}C_2S$，但通常过冷到 670 ℃ 左右转变为 $\beta\text{-}C_2S$，这是因为 $\alpha_{L'}\text{-}C_2S$ 与 $\beta\text{-}C_2S$ 在结构和性质上非常接近，转变更容易，而 $\alpha_{L'}\text{-}C_2S$ 与 $\gamma\text{-}C_2S$ 性质相差较大，见表 2-1。

表 2-1　$\alpha_{L'}$-C_2S、β-C_2S、γ-C_2S 结构及特性[29-30]

晶型	结构类型	单位晶胞轴长	X 射线特征谱线	密度/(g/cm³)
$\alpha_{L'}$-C_2S	与低温型 K_2SO_4 结构相似（略有变形）	$a=18.80$ $b=11.07$ $c=6.85$	$d=2.78$ $d=2.76$ $d=2.72$	3.14
β-C_2S	与低温型 K_2SO_4 结构相似（略有变形）	$a=9.28$ $b=5.48$ $c=6.76$	$d=2.778$ $d=2.740$ $d=2.607$	3.20
γ-C_2S	橄榄石结构	$a=5.091$ $b=6.782$ $c=11.371$	$d=3.002$ $d=2.728$ $d=1.928$	2.94

分析表 2-1 可知：在结构和性能方面，$\alpha_{L'}$-C_2S 与 β-C_2S 非常接近，而 $\alpha_{L'}$-C_2S 与 γ-C_2S 相差较大，所以 $\alpha_{L'}$-C_2S 常转变为 β-C_2S。β-C_2S 的能量高于 γ-C_2S，处于介稳状态，有自发转变为 γ-C_2S 的趋势，转变从 525 ℃ 开始，为不可逆的重建性相变，[SiO_4] 四面体的方向及 Ca^{2+} 配位数发生改变，并且会产生明显的体积变化。β-C_2S 向 γ-C_2S 转变时体积膨胀（约增大 10%），使 C_2S 晶体粉化[31]。

C_3S_2（$3CaO \cdot 2SiO_2$ 或 $Ca_3Si_2O_7$）常出现于高炉矿渣中，是不一致熔融化合物。C_3S_2 是由 2 个 [SiO_4] 四面体通过共用氧相连接形成单独的硅氧络阴离子团，属于组群状硅酸盐晶体结构[32]。

CS（$CaO \cdot SiO_2$ 或 $CaSiO_3$）是氧化钙含量最低的硅酸钙，有 3 种同质异构体，即副硅灰石、低温相 β-$CaSiO_3$（硅灰石）和高温相 α-$CaSiO_3$（假硅灰石）。β-CS 属于三斜晶系，为链状硅酸盐结构，α-CS 属于六方晶系，为环状硅酸盐，由硅氧四面体形成的共顶点三元环组成[33-35]。

β-CS 和 α-CS 之间的转变关系如下[36]：

$$\beta\text{-CS} \underset{}{\overset{1\,125\ ℃}{\rightleftharpoons}} \alpha\text{-CS} \overset{1\,544\ ℃}{\longrightarrow} 熔体$$

α-CS 通常可在熔渣、水泥和陶瓷材料中存在[37-39]。有研究认为 SiO_2 含量高的矿石在高温结晶时会形成 α-CS 晶体，但是 α-CS 只存在于这些矿石淬火的部分，或者存在于这些矿石冷却较快的表层中。以上研究表明生产过程中快速冷却时 CS 以高温晶型（α-CS）存在。

2.2.2　试验原料及成分分析

化学试剂制备硅酸钙单矿采用天津市河东区红岩试剂厂出售的化学试剂，化学试剂主要为 $CaCO_3$、SiO_2，其成分分析见表 2-2。

表 2-2　制备硅酸钙单矿的化学试剂成分分析（质量分数）　　单位：%

原料	质量损失	SiO_2	Al_2O_3	Fe_2O_3	CaO	MgO	K_2O	Na_2O	总计
$CaCO_3$	44	0	0	0	55	0.05	0.1	0	99.15
SiO_2	0.5	99	0	0	0	0	0	0	99.5

2.2.3 硅酸钙单矿的制备过程

取分析纯化学试剂碳酸钙和二氧化硅按各单矿的化学计量比混合（表 2-3），其中 β-C₂S 需要额外掺加 0.3% B₂O₃ 的矿物稳定剂[40]；混匀、磨细、加水，在 6 MPa 压力下成型，制备成底面直径 $d=30$ mm、高 $h=8$ mm 的圆柱体生料片。生料片 105 ℃ 烘干后在高温炉内于设定煅烧温度下煅烧 2 h，然后按需求选择冷却制度，再重新压制成片并煅烧，如此重复，直至制得的样品用乙醇-乙二醇法测得游离氧化钙（f-CaO）的质量分数低于 1.5%，用 XRD 检验制备矿物的晶型[41]。

表 2-3　制备硅酸钙单矿时各单矿的煅烧制度

矿物名称	钙、硅物质的量比	氧化钙含量（质量分数）/%	煅烧温度/℃	冷却制度
β-C₂S	2	65.1	1 350	快冷
γ-C₂S	2	65.1	1 350	慢冷
C₃S₂	1.5	58.3	1 430	快冷
CS	1	48.3	1 450	快冷

2.2.4 硅酸钙单矿的 XRD 图谱

制备的各单矿的 XRD 图谱和标准图谱如图 2-2 所示，可以看出制备的单矿图谱与标准图谱有很好的吻合度。

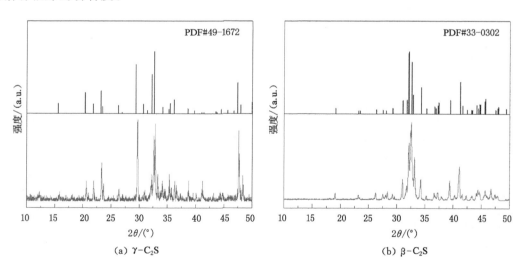

(a) γ-C₂S　　　　　　　　　　(b) β-C₂S

图 2-2　各单矿的 XRD 图谱和标准图谱

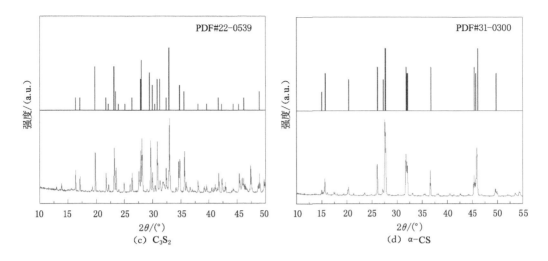

图 2-2（续）

2.3　（铁）铝酸钙矿物的制备

2.3.1　试验原料及成分分析

化学试剂制备（铁）铝酸钙单矿采用天津市河东区红岩试剂厂出售的化学试剂，化学试剂主要成分为 $CaCO_3$、Al_2O_3、Fe_2O_3，见表 2-4。

表 2-4　制备（铁）铝酸钙单矿的化学试剂成分分析（质量分数）　　单位：%

原料	质量损失	SiO_2	Al_2O_3	Fe_2O_3	CaO	MgO	K_2O	Na_2O	总计
$CaCO_3$	44	0	0	0	55	0.05	0.1	0	99.15
Al_2O_3	5	0	94.2	0.01	0	0	0	0.5	99.71
Fe_2O_3	0.2	0	0	99	0	0	0	0	99.2

2.3.2　（铁）铝酸钙单矿的制备过程

取分析纯化学试剂碳酸钙、氧化铝和氧化铁按各单矿的化学计量比混合（表 2-5），混匀，磨细，加水，在 6 MPa 压力下成型，制备成底面直径 $d=30$ mm，高 $h=8$ mm 的圆柱体生料片。生料片 105 ℃烘干后在高温炉内于设定煅烧温度下煅烧 2 h，然后按需求选择冷却制度，再重新压制成片并煅烧，如此重复，直至制得的样品用乙醇-乙二醇法测得游离氧化钙的质量分数低于 1.5%，用 XRD 检验制备矿物的晶型。

表 2-5　制备(铁)铝酸钙单矿时各单矿的煅烧制度

矿物名称	氧化钙质量分数/%	煅烧温度/℃	冷却制度
$C_{12}A_7$	48.5	1 200	快冷
C_4AF	46.1	1 250	快冷

2.3.3　(铁)铝酸钙单矿的 XRD 图谱

制备的各单矿的 XRD 图谱和标准图谱如图 2-3 所示,可以看出制备的单矿图谱与标准图谱有很好的吻合度。

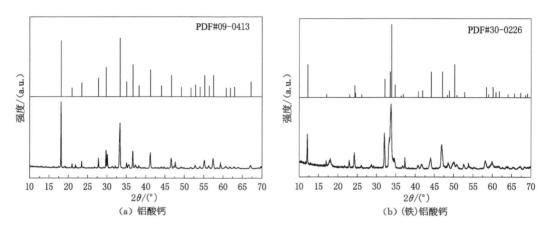

图 2-3　$C_{12}A_7$ 和 C_4AF 单矿的 XRD 图谱及标准图谱

2.4　各单矿与 CO_2 反应热力学

2.4.1　热力学理论计算

各单矿与 CO_2 反应的化学方程式如下:

$$2CaO \cdot SiO_2 + 2CO_2 + H_2O \longrightarrow 2CaCO_3 + SiO_2(凝胶) + H_2O \qquad (2\text{-}1)$$

$$3CaO \cdot 2SiO_2 + 3CO_2 + H_2O \longrightarrow 3CaCO_3 + 2SiO_2(凝胶) + H_2O \qquad (2\text{-}2)$$

$$CaO \cdot SiO_2 + CO_2 + H_2O \longrightarrow CaCO_3 + SiO_2(凝胶) + H_2O \qquad (2\text{-}3)$$

$$12CaO \cdot 7Al_2O_3 + 12CO_2 + 21H_2O \longrightarrow 12CaCO_3 + 14Al(OH)_3 \qquad (2\text{-}4)$$

$$4CaO \cdot Al_2O_3 \cdot Fe_2O_3 + 4CO_2 + 6H_2O \longrightarrow 4CaCO_3 + 2Al(OH)_3 + 2Fe(OH)_3 \quad (2\text{-}5)$$

上述碳化反应的吉布斯自由能 ΔG 随温度 T 变化曲线图如图 2-4 所示,各单矿的碳化反应均是一个强放热反应,随着温度的升高,各反应的吉布斯自由能均增大,说明升高温度热力学上不利于碳化反应;室温条件下(25 ℃),铝酸钙和(铁)铝酸钙与二氧化碳反应的吉布斯自由能绝对值比硅酸钙各单矿大得多,即 $C_{12}A_7$ 最易与 CO_2 发生碳化反应,其次是 C_4AF,最后是 C_2S。对于硅酸钙各单矿,碳化反应的热力学顺序不仅与钙、硅物质的量比有关,随着钙、硅物质的量比的降低,反应的吉布斯自由能绝对值降低,反应活性降低,同一钙、硅物质的量比时还与矿物晶型有关,高温晶型的反应活性更大。各单矿碳化反应的热力学反应容易程度由高到低分别为 $C_{12}A_7$、C_4AF、α-C_2S、β-C_2S、γ-C_2S、C_3S_2、α-CS、β-CS,即 β-CS 最难与 CO_2 发生反应。

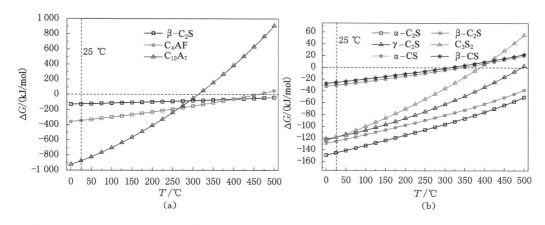

图 2-4　碳化反应吉布斯自由能 ΔG 随温度 T 变化曲线

2.4.2　碳化过程中温度的变化规律

各单矿碳化过程中温度的变化规律如图 2-5 所示。从图中可以看出:碳化过程中试块的温度都升高,且主要集中在前 2 h 内,2 h 后温度下降,这说明碳化放热主要集中在碳化前 2 h 内;$C_{12}A_7$ 矿物温升最大,达到 60 ℃,C_4AF 矿物次之,C_2S 矿物碳化温升最小,说明 $C_{12}A_7$ 矿物碳化放热最多,C_2S 矿物碳化放热量最少。这些结论和热力学反应容易程度从高到低的顺序一致。标准状况下 3 种矿物与 CO_2 的反应焓变分别为 $-1\,478$ kJ/mol、-510 kJ/mol、-162 kJ/mol。C_3S_2 和 CS 矿物与二氧化碳反应放热均小于 C_2S,这些与按热力学理论计算结果一致。

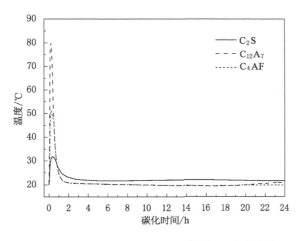

图 2-5　各单矿碳化过程中温度随时间的变化曲线

2.5 碳化养护设备及碳化增重率

2.5.1 试样成型及碳化养护设备

控制水固比(指质量比,下同)为 0.1～0.3,并将单矿粉末与自来水搅拌均匀,并将混合料倒入模具(尺寸为 40 mm×40 mm×100 mm)中压制成型,成型压力为 4 MPa,在最大压力作用下保持 30 s,所得块体尺寸约为 40 mm×40 mm×50 mm。脱模后立即将试块放入碳化反应釜,先将反应釜抽真空至 -0.1 MPa,维持 10 min 后将 CO_2 气体从气瓶通过减压阀流入反应釜,其原理如图 2-6 所示。CO_2 气体浓度为 99%,控制反应釜内 CO_2 的压力为 0.3 MPa,在室温条件下碳化一定时间后测试试块的抗压强度和碳化程度。

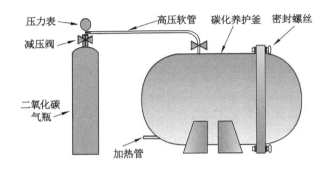

图 2-6 碳化养护原理图

2.5.2 碳化反应监测仪器研发

为了揭示各矿物的碳化反应过程和碳化硬化机理,建立各矿物碳化反应动力学模型,设计了图 2-7 和图 2-8 所示碳化反应监测仪器。碳化反应过程是不断吸收二氧化碳的放热过程,因此可通过实时监测碳化反应过程中温度、质量的变化来研究碳化反应过程。图 2-7 所示设备可实时监测、记录各单矿与二氧化碳反应过程中的温度和质量。

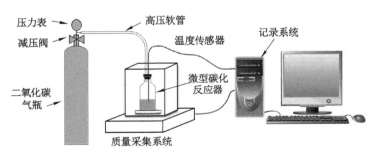

图 2-7 碳化过程中样品质量和温度监测仪器

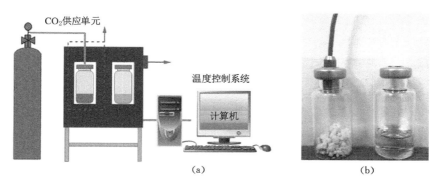

图 2-8　碳化反应等温量热仪

硅酸钙的碳化反应是一个放热反应,因此可以通过放热速率、累计放热量与时间的关系来研究其碳化反应过程。等温量热仪可以用来测定恒定温度下瞬时反应热功率和累计放热量,瞬时反应热功率和累计放热量与碳化反应速率和碳化反应程度线性相关,因此等温量热仪能非常准确地表征硅酸钙的碳化反应全过程。但是,目前的等温量热仪主要用于水泥水化热的测定,碳化反应需要一个二氧化碳高浓度和高压力的反应容器,尚没有能够直接测试硅酸盐碳化反应热的设备。

　　为了建立各单矿的碳化动力学模型,研究各因素(二氧化碳压力、温度、水灰比等)对碳化反应速率的影响规律,揭示其影响机理,根据等温量热仪的测试原理设计了能够测试碳化反应热的设备。该设备的简化模型如图 2-8 所示,主要由微型碳化反应系统、测试系统、控温系统、记录系统组成。其中测试系统主要包括样品池、参比池、Seebeck 热流传感器 3 个元件,样品池和参比池孪生式对接,并由铝质散热器包裹,可减少受外界温度波动的影响。控温系统通过循环恒温空气来控制整个系统的温度,其外面是绝热层,用来维持系统内部温度的稳定。控温系统可控制温度恒定在 5～60 ℃ 之间的任意设定温度。微型碳化反应系统由二氧化碳高压气瓶、减压阀、高压细软管和微型碳化反应器组成,其中微型碳化反应器通过高压软管与二氧化碳气瓶连接并置于样品池中。当样品池中的样品与二氧化碳发生反应时,产生的热流通过 Seebeck 热流传感器形成一个正比于热流速率的电势信号,由记录系统记录保存。整个测试过程中微型碳化反应器中的二氧化碳压力可恒定在 0～0.5 MPa 之间的任意设定压力。

2.5.3　各单矿的碳化增重率

　　β-C_2S 和 γ-C_2S 矿物碳化 24 h 后试样的 TG/DTA 曲线如图 2-9 所示。由图可见:试样在 550 ℃ 以后就开始失重,并伴随着吸热,在 791 ℃ 出现明显的强吸热峰且明显失重,此过程主要为碳酸钙的分解过程。不同晶型的碳酸钙的分解温度不同,其中方解石的分解温度最高,与 791 ℃ 对应,说明 β-C_2S 和 γ-C_2S 矿物碳化均生成了大量的碳酸钙产物。碳酸钙以方解石晶型为主,且碳化生成的碳酸钙产物含量相差不大。

　　C_3S_2 和 CS 单矿碳化后的 TG/DTA 曲线如图 2-10 所示,碳化样品在测试温度范围内都有质量损失,但是主要集中在 550～900 ℃,该温度段的质量损失是碳化样品中 $CaCO_3$ 吸热分解释放 CO_2 所致。与 C_2S 相比,碳化质量损失率随钙、硅物质的量比的降低而降低,这

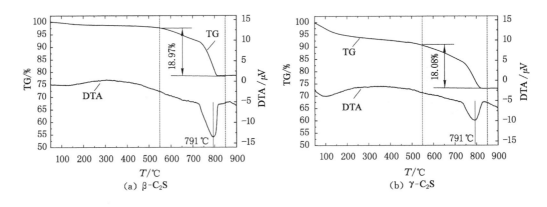

图 2-9　β-C₂S 和 γ-C₂S 矿物碳化后的 TG/DTA 曲线

是因为随着硅酸钙矿物钙、硅物质的量比的降低矿物中氧化钙含量降低,理论吸收的二氧化碳含量降低。样品在 400～500 ℃ 没有明显失重,说明碳化样品中没有 $Ca(OH)_2$ 生成,该矿物没有发生水化反应,证实了该矿物的非水化性。另外,整个测试温度范围内的其他质量损失是样品中物理、化学结合水的吸热挥发所致。

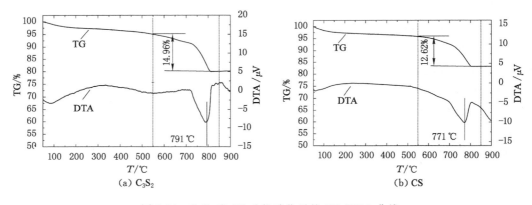

图 2-10　C₃S₂ 和 CS 矿物碳化后的 TG/DTA 曲线

　　C_4AF 和 $C_{12}A_7$ 单矿碳化后的 TG/DTA 图谱如图 2-11 所示。C_4AF 碳化后试样在 153 ℃、263 ℃ 和 783 ℃ 出现吸热峰并伴随失重,分别为 $Fe(OH)_3$、$Al(OH)_3$ 和 $CaCO_3$ 的分解过程,其中氢氧化铁凝胶的失重分为两个阶段,分别为 153 ℃ 和 263 ℃,铝胶的失重在 263 ℃,说明 C_4AF 矿物碳化反应生成了大量的 $CaCO_3$、$Fe(OH)_3$ 和 $Al(OH)_3$。此外 $CaCO_3$ 的分解失重过程比较集中,主要集中在 783 ℃,说明碳化生成的 $CaCO_3$ 比较稳定,主要为方解石晶体。$C_{12}A_7$ 单矿主要在 263 ℃ 和 783 ℃ 出现吸热峰并伴随失重,且 263 ℃ 的吸热峰更明显,说明 $C_{12}A_7$ 单矿碳化生成了较多的 $Al(OH)_3$,且碳酸钙的分解失重过程开始较早,说明有介稳态的碳酸钙晶体生成,这些结果与 XRD 分析一致。

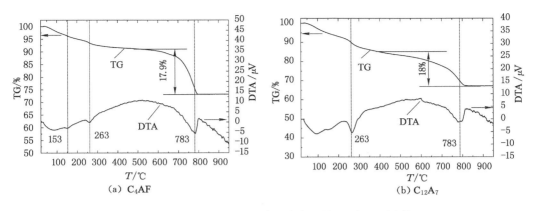

图 2-11　C_4AF 和 $C_{12}A_7$ 单矿碳化后的 TG/DTA 图谱

2.6　碳化反应动力学

2.6.1　β-C_2S 矿物与 CO_2 的反应动力学

2.6.1.1　β-C_2S 矿物与 CO_2 的反应热

研究表明:该反应主要包括表 2-6 中几个反应过程,各反应过程在 298 K 时的标准焓变见表 2-6。CO_2 的溶解电离及碳酸钙的沉淀析出是吸热反应,硅酸二钙溶出钙离子和硅酸以及硅酸的聚合是放热反应。根据 Hess 定律,硅酸二钙的碳化反应总体来说是一个强放热反应,标准状态下 1 mol 硅酸二钙完全碳化放出 162 kJ 的热量,即每克硅酸二钙完全碳化放出 940 J 的热量。

表 2-6　硅酸二钙碳化反应的化学方程式及热力学参数

主要的化学方程式	$\Delta H(298\ K)/(kJ/mol)$
$CO_2 + H_2O \longrightarrow H_2CO_3$	8.4
$H_2CO_3 \longrightarrow H^+ + HCO_3^-$	7.6
$HCO_3^- \longrightarrow 2H^+ + CO_3^{2-}$	14.9
$4H^+ + 2CaO \cdot SiO_2 \longrightarrow 2Ca^{2+} + H_2SiO_3 + H_2O$	−243
$H_2SiO_3 \longrightarrow SiO_2(凝胶) + H_2O$	−7
$Ca^{2+} + CO_3^{2-} \longrightarrow CaCO_3$	13
$2CaO \cdot SiO_2 + 2CO_2 \longrightarrow 2CaCO_3 + SiO_2(凝胶)$	−162

采用改进的等温量热仪测定了制备的 β-C_2S 矿物的碳化反应过程中的放热速率和累计放热量,如图 2-12 所示。根据 β-C_2S 的碳化放热速率随时间的变化规律,可将 β-C_2S 的碳化过程分为三个阶段:

(1) AB 段——碳化加速期(0～10 min):潮湿的 β-C_2S 与 CO_2 接触后立即发生急剧反应,放出大量热,放热速率随时间急剧增大,出现第一个强放热峰,但是该阶段的时间很短,

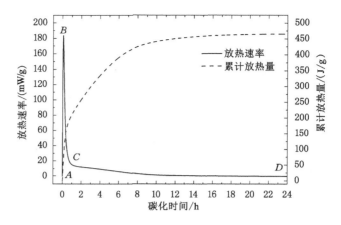

图 2-12　硅酸二钙碳化反应过程中的放热速率及累计放热量曲线

在 10 min 内结束,该阶段已经有碳化产物生成。

　　(2) BC 段——碳化减速期(10~120 min):反应速率随时间迅速下降,反应产物大量形成,碳化反应逐渐受扩散速率控制。

　　(3) CD 段——碳化衰减期(120 min 之后):反应速率持续下降,碳化反应趋于稳定,碳化产物包裹层已经形成,碳化反应完全受扩散速率控制。

2.6.1.2　$\beta\text{-}C_2S$ 矿物与 CO_2 的碳化反应动力学模型

　　硅酸二钙的碳化反应是一个涉及气、固、液三相的化学反应,对于非均相等温反应,其动力学方程如式(2-6)所示[42-43]。

$$\frac{d\alpha}{dt} = k(T) \cdot f(\alpha) = A \cdot e^{-\frac{E_a}{RT}} \cdot f(\alpha) \tag{2-6}$$

式中,A 为指前因子;E_a 为表观活化能,kJ/mol;R 为阿伏伽德罗常数;T 为热力学常数;$f(\alpha)$ 为反应机理函数;α 为碳化程度;t 为反应时间。

　　硅酸二钙颗粒的碳化反应模型如图 2-13 所示,假设硅酸二钙为球形颗粒,直径为 d,碳化深度为 h,硅酸二钙颗粒的体积为 $\frac{1}{6}\pi d^3$,碳化部分的体积为 $\frac{1}{6}\pi d^3 - \frac{1}{6}\pi(d-2h)^3$,所以碳化程度 α 可以用式(2-7)表示:

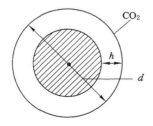

图 2-13　硅酸二钙颗粒的碳化反应模型

$$\alpha = \frac{碳化部分体积}{原颗粒体积} = \frac{\frac{1}{6}\pi d^3 - \frac{1}{6}\pi(d-2h)^3}{\frac{1}{6}\pi d^3} = 1 - \left(1 - \frac{2h}{d}\right)^3 \qquad (2\text{-}7)$$

转化式(2-7)可得式(2-8)：

$$h = \frac{d(1 - \sqrt[3]{1-\alpha})}{2} \qquad (2\text{-}8)$$

即硅酸二钙颗粒平均直径 d 一定时碳化深度 h 与 $1 - \sqrt[3]{(1-\alpha)}$ 成正比，这时可以将硅酸二钙的碳化反应动力学方程式统一写成式(2-9)：

$$\left(1 - \sqrt[3]{1-\alpha}\right)^N = Kt \qquad (2\text{-}9)$$

对式(2-9)进行微分，并结合式(2-6)可以得到式(2-10)：

$$\frac{\mathrm{d}\alpha}{\mathrm{d}t} = \frac{K \cdot 3\sqrt[3]{(1-\alpha)^2}}{N \cdot (1 - \sqrt[3]{1-\alpha})^{N-1}} = K \cdot f(\alpha) \qquad (2\text{-}10)$$

式中，K 为碳化反应速率常数；N 为碳化反应阶段因数；$f(\alpha)$ 为反应机理函数。

杨慧先等[44]、史才军等[45]认为 N 为与反应机理有关的常数：$N<1$ 时，化学反应处于自催化成核反应阶段；$N=1$ 时，化学反应处于相边界反应阶段；$N \geqslant 2$ 时，化学反应处于受扩散过程控制阶段。

2.6.1.3　试验结果与理论模型的拟合分析

由不同时间内的累计放热值和完全碳化的最终碳化热可得到不同时间对应的碳化反应程度 α，其中最终碳化热取热力学理论计算放热量，即每克硅酸二钙完全碳化放出 940 J 的热量。对式(2-9)取对数可得式(2-11)：

$$\ln\left(1 - \sqrt[3]{1-\alpha}\right) = \frac{1}{N}\ln K + \frac{1}{N}\ln t \qquad (2\text{-}11)$$

按照 $\ln(1 - \sqrt[3]{1-\alpha})$ 及 $\ln t$ 作图可得图 2-14，由图 2-14 可知各阶段曲线的斜率不同，说明碳化各阶段决定其反应速率的因素不同。根据上述的划分阶段，分别对加速期、减速期及衰减期的 $\ln(1 - \sqrt[3]{1-\alpha})$ 及 $\ln t$ 进行线性拟合，可得图 2-15，由图可知不同反应阶段的 $\ln(1 - \sqrt[3]{1-\alpha})$ 与 $\ln t$ 之间存在较好的线性关系。根据线性拟合的数据(斜率和截距)和式(4-9)可计算得到各阶段的动力学参数(K 和 N)，见表 2-7。为了便于比较，表 2-7 中还给出了无水硫铝酸钙-二水石膏体系不同水化阶段的 K 值和 N 值，以及硅酸盐水泥在 45 ℃时不同水化阶段的 K 值[44-46]。

表 2-7　不同反应体系的动力学参数

反应阶段	硅酸二钙碳化体系(C-C)		硫铝酸钙-石膏二元水化体系(S-H)		硅酸盐水泥水化体系(P-H)	
	N	K/h^{-1}	N	K/h^{-1}	N	K/h^{-1}
加速期	0.67	0.72	0.69	0.11	—	0.06
减速期	1.41	0.05	0.95	0.06	—	0.13
衰减期	3.33	0.000 3	1.96	0.005	—	0.04

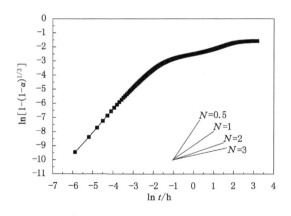

图 2-14　硅酸二钙碳化动力学参数

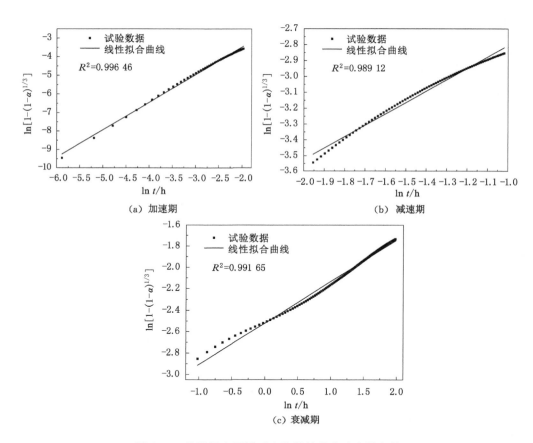

（a）加速期　　　　　　　　　　　　（b）减速期

（c）衰减期

图 2-15　线性拟合不同反应阶段的碳化动力学参数

由表 2-7 可知：在加速期，反应阶段因数 $N=0.67$，表明这一阶段由自催化成核反应控制；减速期 $N=1.41$，表明这一阶段由相边界反应控制；衰减期，$N=3.33$，这一阶段受扩散控制。碳化反应前两个阶段持续时间较短，反应迅速，由最初的自催化成核反应（NG）过渡为相边界反应（I），最终主要受扩散过程（D）控制。

对上述 3 种体系的反应速率常数作图,如图 2-16 所示,由图可见:加速期(NG)硅酸二钙碳化体系(C-C)的反应速率常数($K=0.72$)明显大于硫铝酸钙-石膏体系(S-H,$K=0.11$)和硅酸盐水泥水化体系($K=0.06$),说明加速期硅酸二钙的碳化反应速率很快,结晶成核速率很快。其原因可能是:二氧化碳溶于水后电离产生氢离子和碳酸根离子,氢离子能够迅速促进硅酸二钙矿物溶出大量钙离子;碳酸钙的溶度积常数为 $4.9×10^{-9}$,比氢氧化钙的溶度积常数 $4.6×10^{-6}$ 小得多,所以钙离子与孔溶液中的碳酸根离子更容易达到碳酸钙的溶度积常数,碳酸钙晶体更容易沉淀析出。但是,减速期(I)和衰减期(D)的反应速率常数均低于硫铝酸钙-石膏体系和硅酸盐水泥水化体系,说明碳化形成的碳化产物包裹层比水化产物的包裹层更致密,使得后续的相界面反应及扩散反应速率均显著降低。

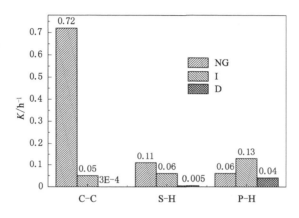

图 2-16　不同体系不同反应阶段时的反应速率常数

另外,由式(2-8)可知反应机理函数可用式(2-12)表示,将不同阶段的动力学参数代入式(2-12)可得到表征自催化成核反应(NG)、相边界反应(I)和扩散过程(D)的反应速率 $F_1(\alpha)$,$F_2(\alpha)$,$F_3(\alpha)$ 与反应程度 α 之间的动力学关系曲线。将 $\mathrm{d}\alpha/\mathrm{d}t$,$F_1(\alpha)$,$F_2(\alpha)$,$F_3(\alpha)$ 与 α 的关系作图,如图 2-17 所示。

$$f(\alpha)=\frac{3\sqrt[3]{(1-\alpha)^2}}{N(1-\sqrt[3]{1-\alpha})^{N-1}} \qquad (2-12)$$

由图 2-17 可知:曲线 $F_1(\alpha)$,$F_2(\alpha)$,$F_3(\alpha)$ 能较好地分段拟合实际的碳化速率曲线,说明碳化反应不是单一的反应过程,而是 3 个基本过程同时发生,但是不同阶段控速过程不同,整个反应过程的反应速率由反应速率最低的过程控制。碳化反应初期由于碳化产物较少,碳化反应由自催化成核反应控制(NG);随着反应产物的生成,反应逐渐过渡为由相边界反应控制(I);由于前两个阶段的反应速率较快,所以碳化产物能够迅速生成,生成的碳化产物包裹在原有的颗粒表层,降低了离子的迁移速率,使得前两个阶段的持续时间较短,碳化反应迅速转化为受扩散过程控制。

2.6.1.4　碳化反应条件对 β-C₂S 矿物碳化反应速率的影响规律

水灰比对硅酸二钙粉末(比表面积为 400 m²/kg)的碳化放热速率和放热总量的影响规律如图 2-18 和图 2-19 所示,从图中可以看出:水灰比为 0.01~0.2 时,随着水灰比的增大,最大放热速率、放热持续时间和最大放热量均逐渐增大,但是当水灰比继续增大到 0.25 时,

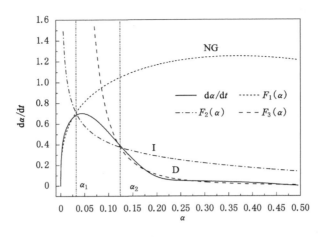

图 2-17 硅酸二钙碳化反应速率与反应程度之间的动力学关系曲线

放热速率和放热总量均显著降低。分析该现象的原因为：硅酸二钙必须在水润湿的情况下才能与二氧化碳发生碳化反应，但是过多水会填充在颗粒之间孔隙，从而阻碍了二氧化碳扩散到颗粒内部，只有表层颗粒发生了碳化反应，整体碳化程度大幅降低，对于比表面积为 400 m²/kg 的硅酸二钙粉末，水灰比宜为 0.2。

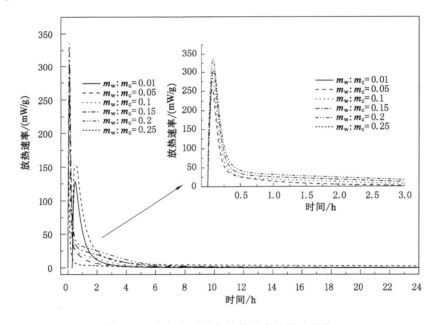

图 2-18 水灰比对碳化放热速率的影响规律

通常来说，硅酸盐矿物碳化反应需要水参与，但是水灰比过大会阻碍二氧化碳的扩散，所以存在最佳水灰比。而水灰比又与颗粒粒径和比表面积有关，因此测试了不同比表面积的硅酸二钙矿物所对应的最佳水灰比，如图 2-20 所示。通过拟合可得到最佳水灰比与比表面积之间的线性相关，即比表面积越大，需要的水灰比越大，需水量拟合公式见式（2-13）。该经验公

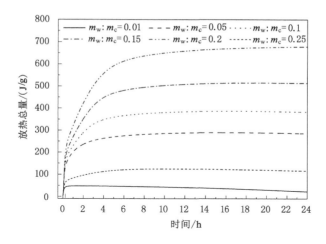

图 2-19　水灰比对碳化放热总量的影响规律

式可理解为：为了获得较高的碳化反应速率和碳化程度，在硅酸钙颗粒表面需要形成约 0.5 μm(5.08×10^{-7} m)厚的水膜，每千克试样所需要的水的体积为 $S_a \times 5.08 \times 10^{-7}$ m^3，水的密度为 1 000 kg/m^3，则每千克试样所需的水的质量为 $S_a \times 5.08 \times 10^{-4}$ kg，该数据即最佳水灰比，此时既能保证碳化所需的水分，也不阻碍二氧化碳的快速扩散。

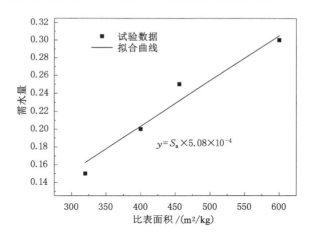

图 2-20　比表面积与需水量之间的关系曲线

$$m_{需水量} = S_a \times 5.08 \times 10^{-4} \tag{2-13}$$

此外，由于水灰比过大时不利于碳化反应的进行，而水灰比过小时浆体不能浇筑成型，所以试块成型一般采用挤压成型，能够大幅降低水的需求量。

CO_2 压力对硅酸二钙粉末（比表面积为 400 m^2/kg）的碳化放热速率和放热总量的影响规律如图 2-21 和图 2-22 所示，由图可知：随着 CO_2 压力的提高，碳化放热峰值明显提高，碳化放热速率显著提高，表明提高 CO_2 压力能显著提高碳化反应速率；但是碳化放热峰值之后，放热速率迅速下降，表明后期反应速率大幅降低，碳化总放热量结果也表明随着 CO_2 压力的增大,碳化总放热量越早达到稳定;24 h 碳化放热总量也显著降低,表明碳化程度下降。

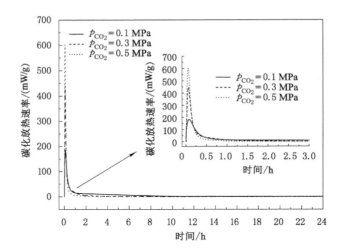

图 2-21 CO_2 压力对碳化放热速率的影响规律

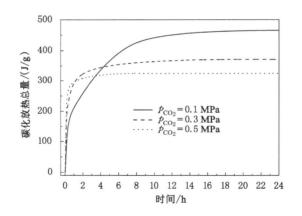

图 2-22 CO_2 压力对碳化放热总量的影响规律

2.6.2 C_3S_2 和 α-CS 碳化反应动力学

2.6.2.1 碳化反应程度测定

将制备的 C_3S_2 和 α-CS 分别快速粉磨至全部通过 0.08 mm 方孔筛备用,用激光粒度仪对两种矿物进行粒度分布测试,粒度分布如图 2-23 所示。

C_3S_2 矿物的平均粒径(D_{50})为 13.1 μm,比表面积为 873.1 m²/kg,α-CS 矿物的平均粒径(D_{50})为 14.1 μm,比表面积为 973.5 m²/kg。

将称量好的矿物放入小烧杯,按水固比为 0.1 加入水混匀,置于碳化反应釜中,分别对两种矿物进行测试。将矿物放入反应釜后通入 CO_2,打开排气阀,排出釜内空气,1 min 后关闭排气阀,继续加压使反应釜内 CO_2 压力达到 0.30 MPa,记录质量 m_1。养护过程中保

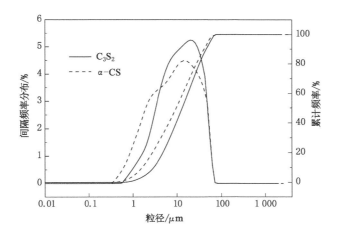

图 2-23　C_3S_2 和 α-CS 的粒径分布

持反应釜内的 CO_2 压力不变,待达到设定时间记录质量 m_t。养护时间分别设置为 0.5 h、1 h、1.5 h、2 h、2.5 h、3 h、3.5 h、4 h、4.5 h、5 h、5.5 h 和 6 h。

在之前的研究中都认为 CO_2 养护 C_3S_2、α-CS 矿物的化学反应方程式如下:

$$CaO \cdot SiO_2 + CO_2 \xrightarrow{H_2O} CaCO_3 + SiO_2 \text{(凝胶)} \tag{2-14}$$

$$3CaO \cdot 2SiO_2 + 3CO_2 \xrightarrow{H_2O} 3CaCO_3 + 2SiO_2 \text{(凝胶)} \tag{2-15}$$

对碳化养护后的试块进行碳化程度测试,计算公式如下:

$$w = \frac{m_t - m_1}{m_0} \times 100\% \tag{2-16}$$

$$\alpha = \frac{w}{w_{max}} \tag{2-17}$$

式中,w 为矿物实际上 CO_2 吸收质量分数;m_0 为称取矿物的质量;m_1 为整个装置在碳化前充满 CO_2 的质量;m_t 为整个装置在碳化养护 t 时刻的质量;w_{max} 为矿物理论上完全碳化 CO_2 吸收质量分数。

碳化程度由式(2-16)确定。w_{max} 为矿物理论上完全碳化 CO_2 吸收质量分数,由 CO_2、CaO、SiO_2 的相对分子质量计算得到 $w_{max}(C_3S_2)$ 为 45.78%,$w_{max}(CS)$ 为 37.89%。

C_3S_2 与 α-CS 矿物碳化程度与碳化养护时间的关系曲线如图 2-24 所示。

由图 2-24 可以看出:C_3S_2 矿物碳化程度高于 α-CS 矿物,但是 C_3S_2 矿物和 α-CS 矿物的碳化程度变化规律一致。在 0~0.5 h 内曲线斜率最大,表明在该段时间内碳化反应速率最大。之后随着反应时间的增加,曲线斜率逐渐减小,趋于平缓,表明随着碳化时间的增加碳化反应速率在逐渐减慢。在反应的 12 个时间段内,0~0.5 h 内的碳化程度增大最快,是因为在反应开始时 CO_2 可以直接扩散到矿物表面与矿物发生反应。但是随着反应的进行,碳化产物包裹在颗粒表面,CO_2 需要透过产物层才能继续进行碳化反应,反应速率因 CO_2 扩散受阻而变小,碳化程度增大缓慢。

2.6.2.2　矿物碳化动力学模型建立

由于样品是矿物的粉料颗粒直接反应,没有挤压或者振动成型,因此颗粒与颗粒之间的影

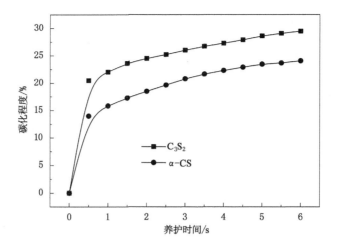

图 2-24　养护时间对试样碳化程度的影响

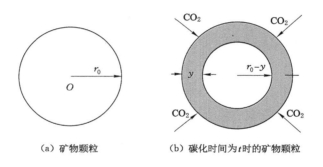

（a）矿物颗粒　　　　（b）碳化时间为 t 时的矿物颗粒

图 2-25　矿物颗粒碳化过程示意图

响不计。假设矿物颗粒为圆形,初始半径为 r_0,碳化时间为 t 时的反应物厚度为 y(图 2-25)。由 Jander 的扩散公式[47]可知:

$$\frac{\mathrm{d}y}{\mathrm{d}t} = \frac{kD}{y} \tag{2-18}$$

式中, $\frac{\mathrm{d}y}{\mathrm{d}t}$ 为反应速率; D 为反应物的扩散速率; k 为比例系数。

　　在 Jander 的扩散公式中,假设反应物的扩散速率为常数,但是由前面的试验结果可知扩散速率在碳化过程中是变化的,反应早期阶段扩散速率较快,随着碳化进行反应产物增加,扩散速率逐渐降低,这里假设反应物扩散速率 D 与反应物厚度成反比关系,于是有:

$$D = \frac{k_1}{y} \tag{2-19}$$

式中, k_1 为比例系数。

　　联立式(2-18)和式(2-19)并积分可得:

$$y^3 = 3k_2 t + C \tag{2-20}$$

式中，$k_2 = kk_1$；C 为常数。

假设碳化反应前、后颗粒体积不变（实际上碳化反应是一个微膨胀过程），V 为矿物颗粒在 t 时刻未参与反应的体积，则有：

$$V = \frac{4\pi}{3}(r_0 - y)^3 \tag{2-21}$$

假设 α 为矿物颗粒 t 时刻的碳化程度，即 t 时刻矿物实际上 CO_2 吸收质量分数与矿物理论上完全碳化 CO_2 吸收质量分数的比值，近似等于碳化产物的体积 V_t 与矿物原始颗粒体积 V_{r_0} 的比值。

$$\alpha = \frac{V_t}{V_{r_0}} = \frac{V_{r_0} - V}{V_{r_0}} = \frac{\frac{4}{3}\pi r_0^3 - \frac{4}{3}\pi(r_0 - y)^3}{\frac{4}{3}\pi r_0^3} = \frac{r_0^3 - (r_0 - y)^3}{r_0^3}$$

故可得：

$$y = r_0\left[1 - (1 - \alpha)^{\frac{1}{3}}\right]^3 \tag{2-22}$$

将式（2-22）代入式（2-20）得到碳化动力学方程：

$$\left[1 - (1 - \alpha)^{\frac{1}{3}}\right]^3 = \frac{3k_2 t}{r_0^3} + \frac{C}{r_0^3} = Kt + C$$

故可得：

$$\left[1 - (1 - \alpha)^{\frac{1}{3}}\right]^3 = Kt + C \tag{2-23}$$

式中，K 为反应系数；C 常数。

为了检验以上模型的准确性，利用已有的试验数据对以上模型进行回归分析。将图 2-24 中的数据代入式（2-21）进行线性回归分析，回归分析结果如图 2-26 所示。

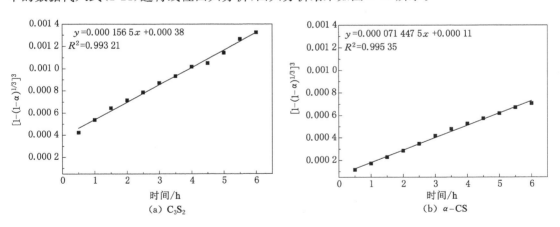

图 2-26　试验数据和动力学模型的回归分析

由图 2-26 可以看出：试验结果和式（2-23）的曲线整体上是吻合的，自变量和因变量相关性很好，说明本模型能够较为准确地预测 C_3S_2 和 α-CS 矿物的碳化程度和碳化时间之间的关系，满足相关假设。对比拟合公式可以看出：C_3S_2 矿物的斜率比 α-CS 矿物的斜率大，对应于 C_3S_2 矿物碳化程度增大较 α-CS 矿物快，说明该模型的反应系数与反应矿物有关。

2.7 碳化产物组成和微观结构

2.7.1 γ-C₂S 矿物碳化产物组成和微观结构

为探讨加速碳化激发 γ-C_2S 矿物活性的机理,采用 XRD(X 射线衍射)和 NMR(核磁共振)分析了 γ-C_2S 矿物碳化前、后物相及结构的变化,分别如图 2-27(a)和图 2-27(b)所示。由图 2-27(a)可以看出:碳化前主要矿物为 γ-C_2S,此外还有微量的 f-CaO;加速碳化后,f-CaO 衍射峰完全消失,γ-C_2S 矿物衍射峰基本消失,取代 f-CaO 和 γ-C_2S 的是 $CaCO_3$ 的特征衍射峰,碳化反应后没有 SiO_2 的衍射峰,SiO_2 以非晶态存在。由图 2-27(b)可以看出:碳化前 γ-C_2S 矿物是岛状硅酸盐结构,桥氧数为 0;加速碳化后,Q^0 降低,在 -110.0 附近出现了 Q^4,说明有部分 γ-C_2S 矿物未参与碳化,碳化生成的 SiO_2 凝胶是高度聚合的三维网状结构,这可能是加速碳化后 γ-C_2S 矿物具有优异力学性能的原因。

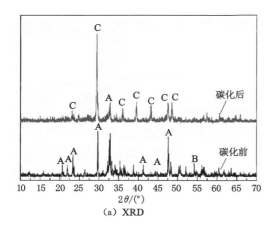
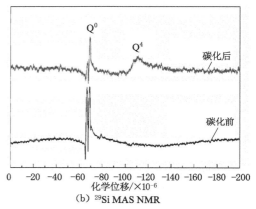

(a) XRD (b) ^{29}Si MAS NMR

A—$\gamma C_2 S$;B—CaO;C—$CaCO_2$。

图 2-27 试样的 XRD 和 NMR 谱

γ-C_2S 矿物的碳化反应方程式如下:

$$\gamma C_2 S + 2CO_2 \xrightarrow{H_2O} 2CaCO_3 + SiO_2(凝胶) \tag{2-24}$$

图 2-28 为碳化反应前 γ-C_2S 颗粒的扫描电镜(SEM)照片。由图 2-28 可以看出:γ-C_2S 矿物颗粒棱角分明,粒径较细,平均为 $20\sim30\ \mu m$,和激光粒度测试结果吻合。

γ-C_2S 矿物碳化反应后的扫描电镜(SEM)照片如图 2-29(a)所示。由图 2-29(a)可以看出:碳化反应后形状规则的 γ-C_2S 矿物颗粒(图 2-28)基本消失,形成了致密的结构。仅有少量未碳化完全的颗粒,对该区域进一步放大,如图 2-29(b)所示,从颗粒中心 A 点向外10 μm 内进行线扫描,能谱图如图 2-30(a)所示,A、B 和 C 的点扫描能谱图如图 2-30(b)和图 2-30(c)所示。由图 2-30(a)可以看出:从 A 点到 B 点,钙元素含量下降,硅、氧、碳元素没有明显变化;从 B 点到 C 点,硅元素含量明显下降,同时碳元素、氧元素和钙元素明显提高;过了 C 点,碳元素、钙元素含量下降,硅元素、氧元素含量上升,说明碳化反应后原颗粒中心、表层及外部存在矿物分层现象。由图 2-30(b)和图 2-30(c)可以看出:点 A 主要元素为 Ca、Si、O、C,$n_{Ca}:n_{Si}$ 为 1.63,略小于

图 2-28　γ-C_2S 矿物碳化前 SEM 照片

C_2S 的理论钙、硅物质的量比,说明颗粒中心主要为碳化程度较低的 γ-C_2S,B 点钙元素含量进一步降低,n_{Ca}∶n_{Si} 为 0.86,说明在颗粒表层形成了低钙富硅层,C 点硅元素含量大幅降低(从 21.33% 降到 1.53%,质量分数),n_{Ca}∶n_{Si} 为 16,Ca、C 和 O 物质的量比约为 1∶1∶3,说明颗粒外部主要为 $CaCO_3$。图 2-30 中,w、x 分别为质量分数和摩尔分数。

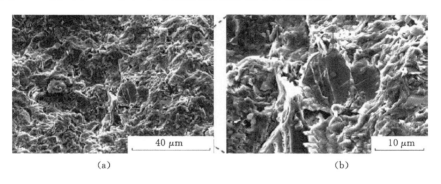

$$(a) \qquad\qquad (b)$$

图 2-29　γ-C_2S 矿物碳化后的 SEM 照片

2.7.2　β-C_2S 矿物的碳化产物组成和微观结构

β-C_2S 矿物碳化前、后的 XRD 图谱如图 2-31(a)所示。由图 2-31(a)可以看出:制备的 β-C_2S 矿物的衍射图谱与 β-C_2S 矿物标准卡片相匹配;碳化养护后,β-C_2S 矿物衍射峰强度明显下降,出现了方解石和球霰石的衍射峰,说明碳化生成了大量的 $CaCO_3$ 晶体,且 $CaCO_3$ 以方解石晶体为主。碳化后没有 SiO_2 的衍射峰,SiO_2 以非晶态凝胶的形式存在。为了进一步研究碳化生成的 SiO_2 凝胶的结构,测试了 β-C_2S 矿物碳化前、后的 FT-IR 图谱,如图 2-31(b)所示。由图 2-31(b)可以看出:碳化养护前,β-C_2S 矿物中硅氧键的不对称伸缩振动谱带(v^3)出现在 909 cm^{-1} 处,表明 β-C_2S 矿物属于岛状硅酸盐结构,桥氧数为 0(Q^0)。碳化养护后,硅氧键的 v^3 向更高波数迁移(1 085 cm^{-1},与 Q^4 对应),表明碳化生成了高度聚合的二氧化硅凝胶;同时,碳化养护后,硅氧键的面外弯曲振动(v^4)也大幅减弱(514 cm^{-1})。此外,碳化后,在 709 cm^{-1}、876 cm^{-1} 和 1 426 cm^{-1} 处出现新的吸收谱带分别为 $CaCO_3$ 晶体中碳酸根的面内弯曲振动(v^2)、面外弯曲振动(v^4)和不对称伸缩振动(v^3)。因此,β-C_2S 矿

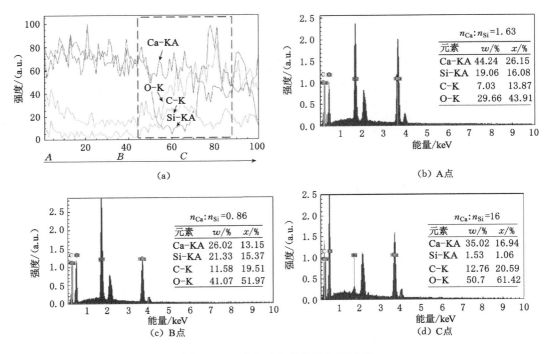

图 2-30　γ-C$_2$S 矿物碳化后的 EDS 谱

物的碳化反应方程式可简写为：

$$\beta\text{-}C_2S + 2CO_2 \longrightarrow 2CaCO_3 + SiO_2（凝胶） \tag{2-25}$$

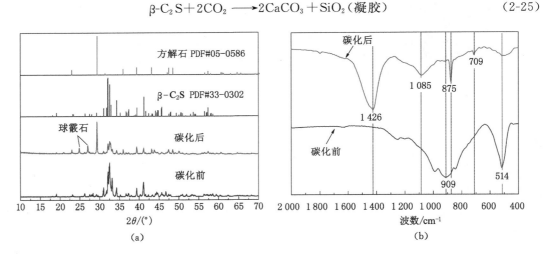

图 2-31　β-C$_2$S 矿物碳化前、后的 XRD 图谱和 FT-IR 图谱

　　碳化过程中各组分含量的变化规律如图 2-32 所示。由图 2-32 可见：随着碳化时间的增加，碳化生成碳酸钙和二氧化硅凝胶的含量不断增加，硅酸二钙含量下降，碳化过程中有部分水变成了非蒸发水。此外，碳化过程可明显分为两个阶段，前 2 h 碳化产物的生成速率很高，2 h 后碳化产物的生成速率大幅降低，这些结果和碳化动力学分析结果一致。

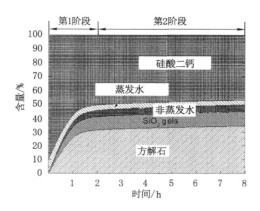

图 2-32　β-C$_2$S 碳化过程中各组分的变化规律

　　β-C$_2$S 矿物碳化不同时间后的 SEM-SE 图像如图 2-33 所示,可以看出碳化 10 min 时就有碳化产物生成,碳化产物包裹在原有的硅酸二钙颗粒表面,但是仍能看到原有的颗粒轮廓,颗粒之间较松散地黏结在一起,碳化产物主要为碳酸钙晶体,且主要以麻球状球霰石形式存在。随着碳化时间的增加,颗粒之间黏结更致密,且麻球状球霰石的形貌逐渐消失,说明碳化开始生成的球霰石晶体在碳化过程中逐渐转变为方解石晶体。

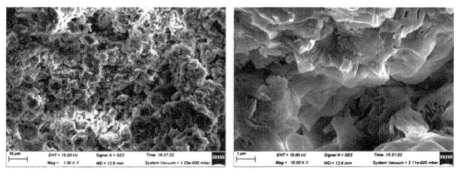

(a) 10 min

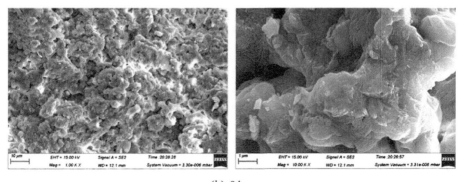

(b) 2 h

图 2-33　β-C$_2$S 碳化不同时间后的 SEM-SE 图像

(c) 24 h

图 2-33(续)

二次电子图像能够较清楚地表征碳化产物的形貌,但是对碳化产物的分布却不能很好地表征,而背散射电子信号对原子序数较敏感,因此背散射电子图像能较清楚地表征碳化产物的分布。为了进一步研究碳化过程中微观结构的变化规律,不同碳化时间的 SEM-BSE 图像如图 2-34 所示,由图可见:碳化前硅酸二钙颗粒(图中明亮部分)较松散地堆积在一起,颗粒之间没有黏结,有较大的孔隙(图中黑色部分);碳化 10 min 后,原有的硅酸二钙颗粒表层有一些较暗的碳化产物形成,随着碳化时间的增加,碳化产物含量逐渐增加;碳化 24 h后,孔隙率大幅降低,形成了致密的硬化体结构。通过 image-pro 软件处理 SEM-BSE 图像可得到不同碳化时间试块的孔隙率,拟合曲线如图 2-35 所示,从图中可以看出:随着碳化时间的增加,孔隙率显著降低,且碳化早期孔隙率降低速率较快。

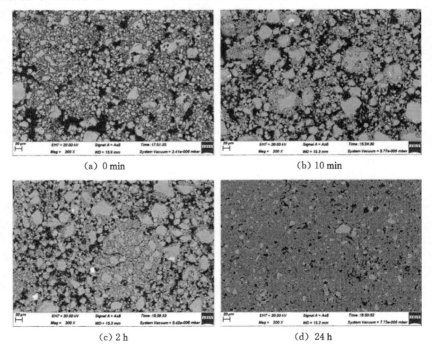

(a) 0 min   (b) 10 min

(c) 2 h   (d) 24 h

图 2-34 β-C_2S 碳化不同时间后的 SEM-BSE 图像

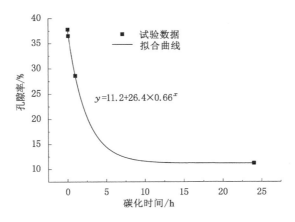

图 2-35　β-C₂S 碳化硬化体孔隙率随碳化时间的变化规律

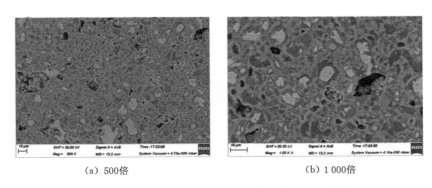

(a) 500 倍　　　　　　　　　　　　　　(b) 1 000 倍

图 2-36　β-C₂S 碳化 24 h 后硬化体的典型 BSE 图像

为了进一步研究碳化产物的分布情况,对碳化 24 h 试样的碳化产物区域进行重点研究,碳化硬化体典型的 BSE 图像及对应的 EDS 图谱如图 2-36 和图 2-37 所示。由图可见:β-C₂S 矿物碳化后形成了致密的硬化体结构;基于灰度特征及点扫描 EDS 图谱[图 2-37(g) 至图 2-37(i)],可以得到硬化体由孔隙(由环氧树脂填充,平均原子序数约为 7,最黑的相)、SiO₂ 凝胶(平均原子序数为 10.81,较黑的相)、CaCO₃(平均原子序数为 12.56,灰色相)以及未碳化的 C₂S(平均原子序数为 14.56,较白的相)组成。此外,由图 2-37(a) 至图 2-37(f) 还可看出:未反应的 β-C₂S 矿物表面包裹一层 SiO₂ 凝胶层,原颗粒之间的孔隙被碳化生成的 CaCO₃ 晶体填充,碳化产物与未反应的硅酸二钙颗粒呈层状分布。

在不同区域内选取 200 个点,做点扫描微区成分分析,Si/Ca 与 C/Ca 元素含量对比如图 2-38 所示:可分为三个区域,分别代表未反应的硅酸二钙颗粒、碳酸钙和二氧化硅凝胶。此外,为了表征碳化产物层的厚度,对不同区域的 BSE 图像进行线扫描,各元素的相对含量随线扫描距离的变化规律如图 2-39 所示,由图可见:碳化产物呈现明显的分层聚集现象,未反应的硅酸二钙颗粒被二氧化硅凝胶包裹,最外层为碳酸钙,二氧化硅凝胶层的厚度为 8～12 μm。

为了进一步定量分析碳化硬化体各物相的分布和体积百分比,采用 Image-Pro plus 图像分析软件对获取的 BSE 图像进行分析,物相分布图如图 2-40 所示。由图 2-40 可以清楚

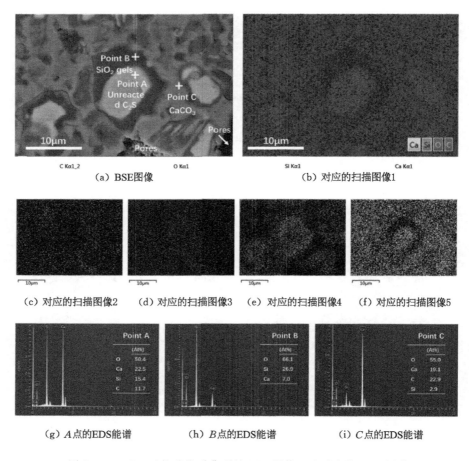

图 2-37 β-C₂S 矿物碳化后典型的 BSE 图像以及对应的 EDS 图谱

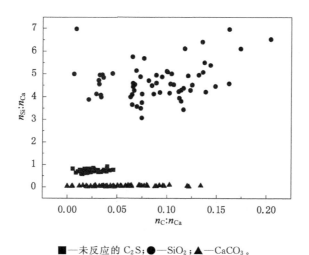

■—未反应的 C_2S；●—SiO_2；▲—$CaCO_3$。

图 2-38 β-C₂S 矿物碳化后碳化产物的微区成分分析

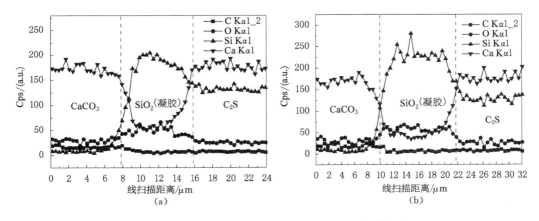

图 2-39　各元素的相对含量随线扫描距离的变化规律

看到硬化体各物相的分布情况。此外,采用 Image-Pro plus 图像分析软件可以得到 BSE 图像的灰度区间分布图及累计分布图,如图 2-41 所示,横坐标表示 0～255 个灰度等级,纵坐标表示图像中某种灰度出现的频率。由图 2-41 可以看出有 4 个明显的分布区间:(0～40)、(40～120)、(120～168)、(168～255),分别对应孔隙、SiO_2 凝胶、$CaCO_3$ 和未碳化的 C_2S,其体积百分比分别为 1.3%、43.9%、44.2%、11.1%。

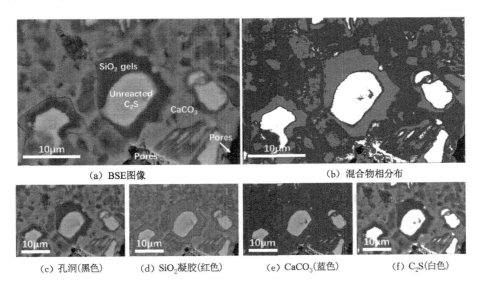

图 2-40　β-C_2S 矿物碳化后试样的 BSE 物相分布图

2.7.3　C_3S_2 的碳化产物组成和微观结构

对强度测试之后的碎块按照碳化养护时间进行收集,研磨混匀后进行热分析测试,用质量损失表征试块 CO_2 吸收量,其 TG 和 DTA 曲线分别如图 2-42 和图 2-43 所示。

由图 2-42 可以看出:DTA 曲线在 100 ℃之前有 1 个较小的吸热峰,在 500～800 ℃之间出现了较明显的吸热峰。在 100 ℃之前 TG 中有少许质量损失,原因是游离水蒸发吸热。

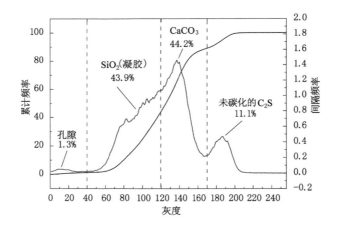

图 2-41 BSE 图像的灰度区间分布图及累计频率、间隔频率分布图

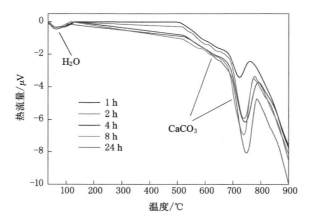

图 2-42 碳化试块的 DTA 曲线

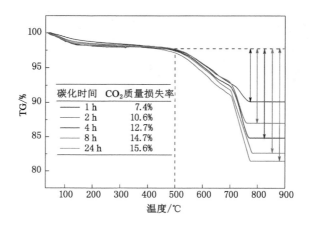

图 2-43 碳化试块的 TG 曲线

$CaCO_3$ 存在 3 个分解温度段,分别是 550～680 ℃、680～780 ℃ 和 780～990 ℃,分别对应无定型 $CaCO_3$、球霰石和文石 $CaCO_3$ 及方解石型 $CaCO_3$[48],因此,判断 500～800 ℃ 吸热峰由 $CaCO_3$ 的分解吸热所致。

由图 2-43 可以看出:碳化试块质量损失主要集中在 500～800 ℃。在 100 ℃ 之前的质量损失为样品中游离水吸热挥发造成的,500～800 ℃ 的质量损失是碳化产物中不同类型的碳酸钙分解释放 CO_2 所造成的,该温度段质量损失对应样品中固化的 CO_2。利用失重率来定量表征试块的 CO_2 吸收量。TG 曲线表明 C_3S_2 矿物在碳化养护的第 1 个小时 CO_2 吸收速率最快。在碳化养护 8 h 之后 CO_2 吸收量增长非常慢。该规律与抗压强度增长规律对应,说明抗压强度增长与碳化反应 CO_2 吸收量正相关。

将未碳化试块与碳化 24 h 试块磨细,通过 X 射线衍射分析确定 C_3S_2 碳化硬化产物,碳化前、后矿物的 XRD 图谱如图 2-44 所示。

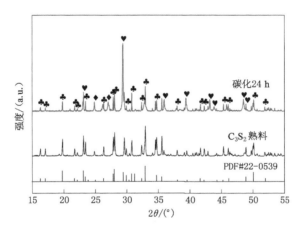

♥—方解石；◆—球霰石；♣—C_3S_2。

图 2-44　C_3S_2 碳化前、后的 XRD 图

由图 2-44 可以看出:未碳化时试块的主要衍射峰是 C_3S_2 的特征衍射峰,而碳化养护 24 h 后 C_3S_2 的衍射峰明显减弱,出现了 $CaCO_3$ 的特征衍射峰;碳化养护 24 h 后试块中仍然有 C_3S_2 存在,结合试块 24 h 后的碳化程度未达到 100%,可知 C_3S_2 颗粒有一部分未参与碳化反应。

值得注意的是,碳化后的试块中并没有出现 SiO_2 衍射峰,为了证明其存在,对其进行红外吸收光谱测试,结果如图 2-45 所示。由图 2-45 可以看出:碳化前 C_3S_2 矿物的 Si—O 键吸收峰出现在 987 cm^{-1}、952 cm^{-1}、908 cm^{-1} 和 848 cm^{-1}。碳化后 C_3S_2 中 Si—O 键的吸收峰出现在波数更高的 1 080 cm^{-1},说明 C_3S_2 碳化反应后生成了较高聚合度的非晶态 SiO_2;在 1 430 cm^{-1} 和 873 cm^{-1} 处出现吸收峰,对应于 $CaCO_3$ 中 C—O 键的吸收峰。另外,碳化产物吸收峰的强度随着碳化时间的增加而增大。因此可以推断 C_3S_2 矿物加速碳化时主要发生了以下反应:

$$3CaO \cdot 2SiO_2 + 3CO_2 \xrightarrow{H_2O} 3CaCO_3 + 2SiO_2 \text{（凝胶）} \tag{2-26}$$

利用扫描电镜对试块碳化养护前、后进行观察,得到形貌图和能谱如图 2-46 和图 2-47 所示。

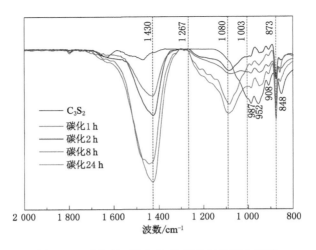

图 2-45　碳化前、后 C_3S_2 熟料的红外吸收光谱

图 2-46　C_3S_2 碳化前的 SEM 照片

由图 2-46 可以看出:碳化前 C_3S_2 主要为大小不一的松散块状颗粒。由图 2-47(a)可以看出:碳化后试块明显比较密实,颗粒与颗粒之间填充了很多形貌与 C_3S_2 颗粒不同的物质。将图 2-47(a)中 R 区域放大进行观察,如图 2-47(b)所示。由图 2-47(b)可以看出:碳化产物有 2 种形态——少量棱角分明的立方体和质地均匀的物质,分别对 2 种物质进行元素组成测试,结果分别如图 2-47(c)和图 2-47(d)所示。由图 2-47(c)和图 2-47(d)可以看出:A 点的元素组成为 C、O 和 Ca,根据元素质量百分比计算出 Ca、C 和 O 的原子个数比约为 1∶1∶3,与 $CaCO_3$ 的原子组成比例一致,结合其形貌可以判断该物质是结晶良好的方解石,碳酸钙颗粒尺寸为 1~1.5 μm。B 点的元素组成为 O、Ca、Si 和 C,根据元素质量百分比与形貌判断该物质是 $CaCO_3$ 与非晶态 SiO_2 的结合物。且从图 2-47(b)可以看出碳化产物与未碳化的颗粒之间结合紧密。

2.7.4　CS 的碳化产物组成和微观结构

为了确定 α-CS 的碳化产物,采用 X 射线衍射仪和傅立叶红外变换光谱仪对 α-CS 熟料

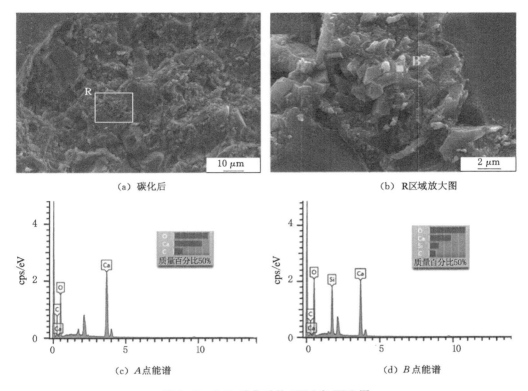

（a）碳化后　　　　　　　　　　　（b）R区域放大图

（c）A 点能谱　　　　　　　　　　（d）B 点能谱

图 2-47　C_3S_2 碳化后的 SEM 和 EDS 图

和 4M-C-24 h 组试样进行测试分析,结果如图 2-48 和图 2-49 所示。

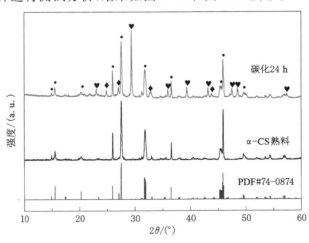

♥—方解石;◆—球霰石;·—硅灰石/α-CS。

图 2-48　碳化前、后 α-CS 熟料的 XRD 图

由图 2-48 可以看出:对照 PDF 标准卡片,发现碳化前除了 α-CS 的衍射峰外没有出现其他矿物的衍射峰,说明制备了纯度较高的 α-CS 矿物。碳化 24 h 后,α-CS 的衍射峰减弱,出现了方解石和球霰石的特征峰,但是并没有发现二氧化硅晶体的衍射峰,推测其可能以非

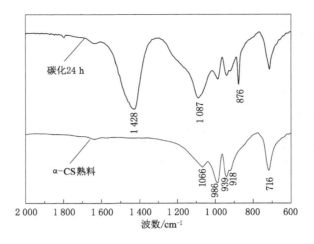

图 2-49 α-CS 熟料碳化前、后的红外吸收光谱

晶态的硅胶形式存在。

由图 2-49 可以看出：α-CS 矿物的振动吸收峰出现在 1 066 cm^{-1}、986 cm^{-1}、939 cm^{-1}、918 cm^{-1} 和 716 cm^{-1} 等处，碳化后样品在 876 cm^{-1}、1 428 cm^{-1} 和 1 017~1 295 cm^{-1} 区域发现了新的振动带。876 cm^{-1} 和 1 428 cm^{-1} 分别对应于 $CaCO_3$ 中 C—O 键的平面外弯曲振动（υ^2）和不对称伸缩振动（υ^3）[48]。与未碳化试样相比，碳化试样中的 Si—O 键的不对称伸缩振动吸收峰（υ^3）转变到更高的波数（1 017~1 295 cm^{-1}），表明该基团的聚合度增大，说明 α-CS 碳化养护后生成了较高聚合度的非晶态 SiO_2。

利用核磁共振波谱测试仪对 α-CS 熟料和 4M-C-24 h 组试样进行结构分析，如图 2-50 所示。

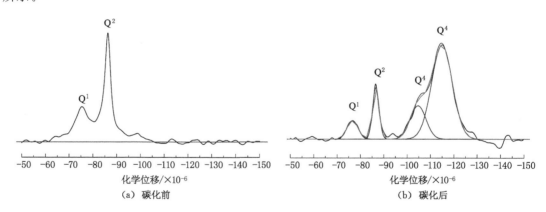

（a）碳化前 （b）碳化后

图 2-50 α-CS 熟料碳化前、后的 NMR 图

用 Q^1、Q^2、Q^3 和 Q^4 表示硅酸盐结构中桥氧的数目，即非活性氧的数目，其特征峰对应的化学位移分别 −76 ppm ~ −82 ppm、−82 ppm ~ −88 ppm、−88 ppm ~ −98 ppm 和 −98 ppm ~ −129 ppm（1 ppm＝$1×10^{-6}$）[49]。由图 2-50（a）可以看出：样品主要特征峰值处的化学位移是 −86.2 ppm，对应于 Q^2，说明未碳化样品中硅酸盐结构属于 Q^2 型硅酸盐

结构。α-CS 矿物是三节环状硅酸盐结构，可以表示为 $[Si_3O_9]^{6-}$，对应于 Q^2 型硅酸盐结构，说明未碳化样品是 α-CS[50]。由图 2-50(b)可以看出：加速碳化后 Q^2 型硅酸盐含量明显降低，在 -114.6 ppm 附近出现了较大的特征峰，说明碳化养护后产生了大量的 Q^4，Q^4 代表了三维网状结构的 SiO_2，说明样品中的三元环状硅酸盐基团转变为三维网状硅酸盐基团。结合 XRD 与 ^{29}Si MAS NMR 测试结果，说明碳化产物中 SiO_2 是以非晶态的凝胶形式存在。碳化养护引起矿物中硅酸盐基团结构的变化是 α-CS 矿物具有优异力学性能的主要原因。因此，可以推断 α-CS 矿物加速碳化时主要发生了以下反应：

$$CaO \cdot SiO_2 + CO_2 \xrightarrow{H_2O} CaCO_3 + SiO_2（凝胶） \tag{2-27}$$

利用扫描电子显微镜和能谱仪对 α-CS 熟料和 4M-C-24 h 组试样进行微观形貌分析，如图 2-51 所示。

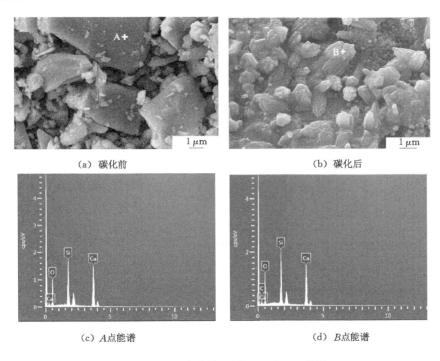

(a) 碳化前　　　　　　　　　　　　　　　(b) 碳化后

(c) A点能谱　　　　　　　　　　　　　　(d) B点能谱

图 2-51　CS 碳化前、后的 SEM-EDS 图片

由图 2-51(a)可知：碳化养护试样颗粒堆积松散，对颗粒进行能谱测试，结果如图 2-51(b)所示，可知 A 点能谱图由 O、Ca 和 Si 3 种元素组成，符合矿物元素设计组成。碳化养护后，形貌如图 2-51(b)所示，颗粒之间缝隙明显被填满，且出现了一簇簇形貌类似钟乳石的物质，对该物质进行能谱测试，结果如图 2-51(d)所示，可知该物质由 O、Ca、Si 和 C 组成，是碳化产物 $CaCO_3$ 和 SiO_2 凝胶的混合物。

2.7.5　$C_{12}A_7$ 和 C_4AF 矿物的碳化产物组成和微观结构

C_4AF 和 $C_{12}A_7$ 单矿碳化前、后的 XRD 图谱分别如图 2-52 和图 2-53 所示。由图 2-52 可以看出碳化后 C_4AF 矿物的衍射峰明显减弱，出现了方解石的衍射峰，说明 C_4AF 碳化生成了大量的方解石晶体，并没有含铝（铁）晶体矿物的新衍射峰，说明碳化后生成的 $Al(OH)_3$ 和 $Fe(OH)_3$ 都是非晶态的。由图 2-53 可以看出：碳化后 $C_{12}A_7$ 矿物的碳化衍射峰也减弱，但是碳化生成的碳酸钙有 3 种晶型，分别为方解石、球霰石和文石。同时还有少量的水化产生的 C_3AH_6。

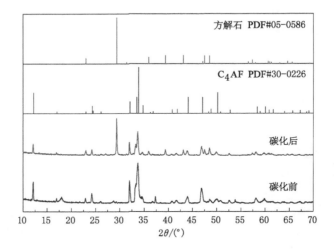

图 2-52　C_4AF 单矿碳化前、后的 XRD 图谱

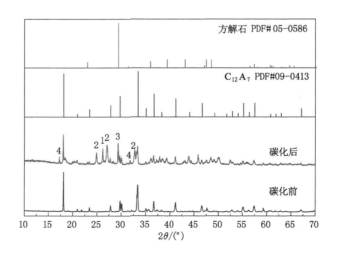

1—文石；2—球霰石；3—方解石；4—加藤石。
图 2-53　$C_{12}A_7$ 单矿碳化前、后的 XRD 图谱

C_4AF 和 $C_{12}A_7$ 矿物的碳化硬化体的 SEM 图像如图 2-54 和图 2-55 所示，碳化后颗粒表层形成了较多的碳化产物，碳化产物的形貌不规则，但是产物之间黏结较差，孔隙率较大。

C_4AF 和 $C_{12}A_7$ 矿物的碳化硬化体的 BSE 图像如图 2-56 所示。由图 2-56 可以看出：BSE 图像中较明亮的部分为未反应的矿物颗粒，较暗的部分为碳化产物，碳化产物填充在未反应的矿物颗粒之间，但是硬化体存在较多的孔隙，颗粒之间黏结不紧密。

图 2-54　C_4AF 矿物碳化硬化体 SEM 图像

图 2-55　$C_{12}A_7$ 矿物碳化硬化体 SEM 图像

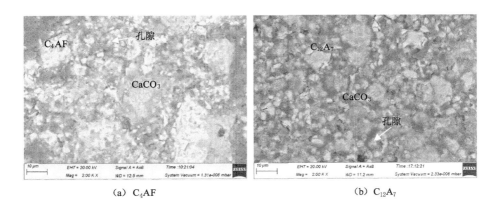

（a）C_4AF　　　　　　　　　　　　　　　（b）$C_{12}A_7$

图 2-56　C_4AF 和 $C_{12}A_7$ 矿物碳化硬化体的 BSE 图像

2.8 碳化硬化性能和硬化机理

2.8.1 γ-C₂S矿物的碳化硬化性能和硬化机理

2.8.1.1 γ-C₂S矿物的碳化硬化性能

试块在反应釜内分别碳化 0、1 h、2 h、5 h、8 h 和 24 h，各试块的抗压强度随碳化时间的变化趋势如图 2-57 所示。由图 2-57 可以看出：随着碳化时间的增加，抗压强度也相应增大，但增长幅度逐渐减小。未碳化的试块即使放置 28 d，其抗压强度也很低，仅为碳化 24 h 试块抗压强度的 0.7％，说明纯 γ-C₂S 矿物的水化活性很低。而碳化 1 h 后试块的抗压强度高达 42.3 MPa，达到碳化 24 h 强度的 57.3％，说明在水介质存在的情况下，CO_2 气体能很好地激发 γ-C₂S 矿物的活性，形成致密的硬化体，8 h 抗压强度达 71.3 MPa，高于普通硅酸盐水泥净浆水化 28 d 的抗压强度，说明利用 CO_2 激发 γ-C₂S 矿物的活性能大幅缩短 γ-C₂S 矿物水泥预制品的养护周期。由图 2-57 还可以看出：随着碳化反应的进行，抗压强度增长幅度逐渐下降，2 h、5 h、8 h 抗压强度分别达到 24 h 抗压强度的 76.3％、92.5％、96.6％，出现这种现象的可能原因是碳化产物包裹在 γ-C₂S 矿物颗粒表面形成致密的产物层，阻碍了碳化反应的进一步进行。试块碳化程度随碳化时间的变化规律与抗压强度随碳化时间的变化趋势一致，试块最终的碳化程度为 40％～50％。

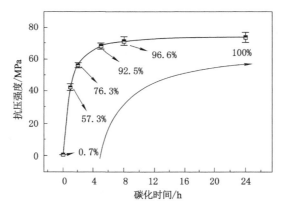

图 2-57　碳化时间对抗压强度的影响

2.8.1.2 加速碳化激发 γ-C₂S 矿物活性的机理

碳化前颗粒堆积在一起［图 2-58(a)］，由于 γ-C₂S 矿物不与水发生反应，没有水化产物生成，颗粒之间有较大孔隙，且颗粒之间没有黏结力，所以 γ-C₂S 矿物浆体没有强度。加速碳化过程中：首先，CO_2 溶于孔溶液中形成弱酸性环境，同时生成碳酸根离子；其次，γ-C₂S 矿物颗粒在弱酸性条件下能够迅速溶解出钙离子，留下一个低钙富硅的凝胶层，同时 SiO_2 凝胶聚合形成三维网状结构；最后，溶出的钙离子与孔溶液中的碳酸根离子结合形成絮状沉淀，絮状沉淀包裹在颗粒表面，同时填充颗粒之间的孔隙，形成致密的碳化产物层。由于碳化产物层阻碍了反应的进一步进行，故原 γ-C₂S 颗粒内部会形成一个碳化程度较低的中心。γ-C$_2$S 矿物碳化反应后形成的三层结构,类似于波特兰水泥水化形成的三层结构(未水化水泥、致密的内部 C-S-H 凝胶层、较疏松的外部 C-S-H 凝胶层)。γ-C$_2$S 矿物碳化反应能在短期生成大量的形状不规则的 CaCO$_3$ 和高度聚合的 SiO$_2$ 凝胶,填充了颗粒之间的孔隙[图 2-58(b)],类似于 C-S-H 凝胶的结构及作用,这是 γ-C$_2$S 矿物碳化反应后具有高强度的原因。

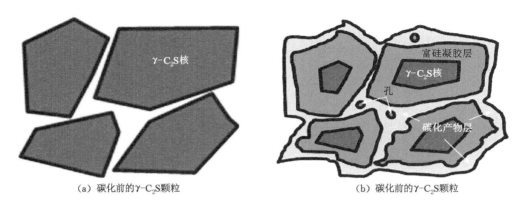

（a）碳化前的 γ-C$_2$S 颗粒　　　　　　　　（b）碳化前的 γ-C$_2$S 颗粒

图 2-58　碳化激发 γ-C$_2$S 矿物活性原理图

2.8.2　β-C$_2$S 矿物的碳化硬化性能和硬化机理

2.8.2.1　β-C$_2$S 矿物碳化硬化体力学性能

试块抗压强度随碳化时间的变化规律如图 2-59 所示。由图 2-59 可知:随着碳化养护时间的增加,抗压强度持续增大,碳化 24 h 试块抗压强度达到 78.2 MPa;抗压强度的增长主要集中在前 8 h 内,养护 8 h 抗压强度达到养护 24 h 抗压强度的 96.4%。

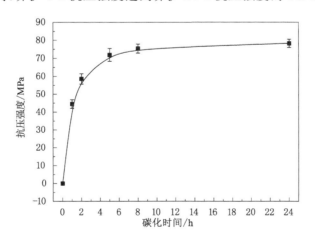

图 2-59　β-C$_2$S 矿物碳化后试块抗压强度随碳化时间的变化规律

为了对比,正常煅烧制备的硅酸二钙矿物和通过水热等温煅烧制备的高活性硅酸二钙矿物制备试块的抗压强度随水化养护时间的变化规律如图 2-60 所示[51]。由图 2-60 可知:

随着水化养护时间的增加,试块抗压强度增大,高活性硅酸二钙的早期强度增长速率高于正常煅烧制备的硅酸二钙矿物,但是最终抗压强度相近,均为 43 MPa 左右。通过以上对比表明:碳化养护不仅能够显著提高硅酸二钙矿物的力学性能,还能大幅缩短养护周期。

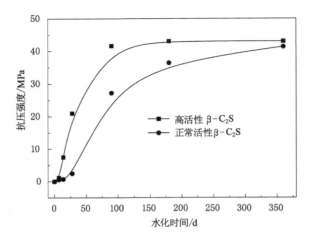

图 2-60　β-C_2S 试块抗压强度随水化时间的变化规律

2.8.2.2　β-C_2S 矿物的碳化硬化机理分析

基于以上分析结果,β-C_2S 矿物的碳化硬化机理如图 2-61 所示。碳化养护前,β-C_2S 矿物与 20% 的拌和水混合均匀后压制成型,试块由 β-C_2S 矿物颗粒堆积而成,且 β-C_2S 矿物颗粒表层吸附一层水膜,水膜厚度约为 0.5 μm,此时颗粒之间有较大孔隙,由于 β-C_2S 矿物水化反应速率很慢,颗粒之间没有黏结力。当试块放入碳化反应釜内,CO_2 气体能够迅速扩散到试块内部并溶于颗粒表层水溶液中形成碳酸,碳酸发生电离产生 H^+、HCO_3^- 和 CO_3^{2-},反应方程式如下:

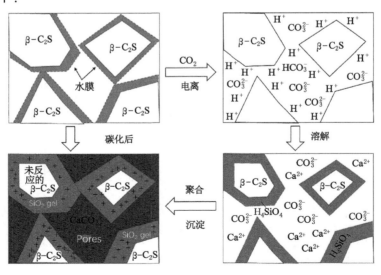

图 2-61　β-C_2S 矿物的碳化硬化机理

$$CO_2 + H_2O \longrightarrow H_2CO_3 \tag{2-28}$$
$$H_2CO_3 \longrightarrow H^+ + HCO_3^- \tag{2-29}$$
$$HCO_3^- \longrightarrow H^+ + CO_3^{2-} \tag{2-30}$$

通常认为 β-C_2S 矿物的水化反应速率主要由 β-C_2S 矿物的表面溶解速率控制,在中性或者碱性条件下,β-C_2S 矿物溶解很缓慢。而在碳化养护条件下,碳酸电离会产生大量的 H^+,常温下孔溶液的 pH 值会从 7 降至 4 左右。与自然水相比,升高的 H^+ 浓度会大幅加快 β-C_2S 矿物溶解出 Ca^{2+} 和 H_4SiO_4。同时在弱酸性环境下,H_4SiO_4 会逐渐聚合形成三维网状的 SiO_2 凝胶,由于 H_4SiO_4 比 Ca^{2+} 更难迁移,所以生成的 SiO_2 凝胶包裹在原 β-C_2S 颗粒表层,反应方程式如下:

$$4H^+ + 2CaO \cdot SiO_2 \longrightarrow 2Ca^{2+} + H_4SiO_4 \tag{2-31}$$
$$H_4SiO_4 \longrightarrow SiO_2(凝胶) + 2H_2O \tag{2-32}$$

随着反应的进行,H^+ 逐渐被消耗,使得式(2-30)的电离平衡持续向右进行,产生的 CO_3^{2-} 与溶解出的 Ca^{2+} 结合在孔溶液中沉淀生成 $CaCO_3$,如式(2-33)所示,所以碳化生成的 $CaCO_3$ 填充在原有的 β-C_2S 颗粒孔隙之间。

$$Ca^{2+} + CO_3^{2-} \longrightarrow CaCO_3 \tag{2-33}$$

随着 SiO_2 凝胶和 $CaCO_3$ 晶体的不断生成,原本松散的 β-C_2S 颗粒逐渐黏结形成了致密的硬化体结构,硬化体结构的形成会大幅降低反应物的扩散速率,从而碳化反应速率大幅降低,所以会形成一个未反应的 β-C_2S 中心。快速生成足够数量的 SiO_2 凝胶和 $CaCO_3$ 晶体以及这些碳化产物彼此连生形成网络结构是 β-C_2S 单矿碳化硬化的主要原因。

2.8.3　C_3S_2 矿物的碳化硬化性能和硬化机理

2.8.3.1　CO_2 吸收与抗压强度

分别对在 CO_2 和空气中养护不同时间的试样进行 CO_2 吸收量和抗压强度测试,结果分别如图 2-62 和图 2-63 所示。

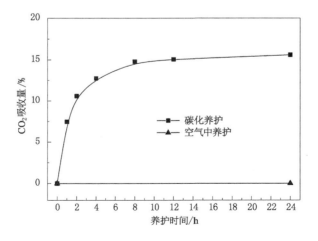

图 2-62　养护时间对试块 CO_2 吸收量的影响

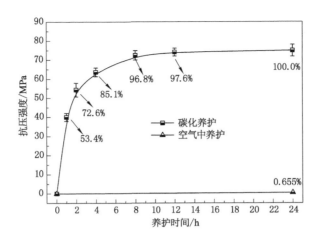

图 2-63　养护时间对试块抗压强度的影响

由图 2-62 可以看出：C_3S_2 试样加速碳化 24 h 时碳化程度可以达到 43.3％。碳化程度随着碳化养护时间的增加而不断增大，但增长率逐渐减小。碳化程度在 0～1 h 内平均增长速率约为 20.10％/h，在 8～24 h 内平均增长速率仅为 0.42％/h，前者为后者的 50 倍，是因为碳化反应早期碳化产物生成量较少，CO_2 很容易扩散到矿物表面，反应可以快速进行。但是随着碳化反应的进行，碳化产物不断增加，包裹在矿物颗粒表面，增加了 CO_2 扩散难度，反应速率因为 CO_2 的扩散受阻而逐渐降低。最后 CO_2 扩散几乎被隔绝，但是矿物颗粒还留有 1 个未碳化的中心，这也是矿物无法完全碳化的原因。

由图 2-63 可以看出：在空气中养护 24 h 的试块，抗压强度为 0.5 MPa，仅为碳化养护 24 h 试块抗压强度（74.8 MPa）的 0.655％；试块碳化 8 h 的抗压强度达到 72.4 MPa，超过了普通硅酸盐水泥净浆 28 d 的抗压强度，说明 C_3S_2 可以在以水为介质的环境中与 CO_2 快速反应生成硬化体，且碳化养护周期短。还可以看出：碳化养护试块的抗压强度平均增长速率与试块碳化程度增长速率随养护时间变化的规律一致，试块碳化程度直接影响其抗压强度。随着试块碳化程度的不断增加，碳化产物不断积累，试块的密实度增大，使得试块抗压强度随之增大。8 h 之后试块抗压强度趋于平稳，这是因为此时碳化反应速率已经相当小，对试块抗压强度的增长贡献也很小。

2.8.3.2　C_3S_2 矿物碳化硬化过程分析

C_3S_2 矿物碳化养护前虽然借助外力将矿物颗粒积压在一起，但是试块中孔隙依然较多，经测试抗压强度几乎为 0。在碳化养护过程中，首先，高浓度的 CO_2 在 C_3S_2 矿物颗粒周围形成包围圈［图 2-64（a）］，向颗粒中心扩散，在扩散过程中迅速与矿物反应，生成 $CaCO_3$ 与非晶态 SiO_2，覆盖在矿物表面；然后，碳化反应向颗粒中心推进。随着产物层越来越多，阻碍了 CO_2 的扩散，碳化反应受到影响，碳化反应速率逐渐减慢。相邻颗粒周围的碳化产物向外侧生长，相互接触，啮合在一起，形成网络，包裹着未碳化的矿物颗粒中心成为一个整体。由于颗粒之间的孔隙大小不一，因此在碳化产物孔隙较大的地方给碳酸钙提供了生长空间，出现了结晶良好的 $CaCO_3$［图 2-64（b）］。C_3S_2 矿物碳化形成的硬化体类似于"胶砂结构"，"胶砂结构"（$CaCO_3$ 和非晶态的 SiO_2）将"砂子"（矿物中心未碳化部分）胶结在一起，使试样具有较高的抗压强度。

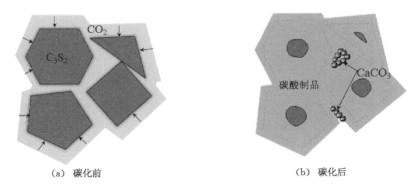

(a) 碳化前　　　　　　　　　　　　　　(b) 碳化后

图 2-64　C_3S_2 加速碳化硬化过程图

2.8.4　CS 的碳化硬化性能

将磨细的 α-CS 矿物按水胶比为 0.1 加入水,混合均匀,使用 TYE-300B 型压力试验机和 20 mm×20 mm×50 mm 规格的磨具,分别在 2 MPa、4 MPa、6 MPa、8 MPa、10 MPa 压力下制备 20 mm×20 mm×20 mm 的试块,保压 1 min,每个压力成型 6 块。将试块置于 CO_2 压力为 0.30 MPa 的反应釜中养护,养护温度为室温,同一成型压力的试块,每 3 个分为一组,分别碳化养护 1 h 和 24 h,试样编号与成型以及碳化养护条件对应关系见表 2-8。

表 2-8　试样成型与碳化养护条件

编号	成型压力/MPa	养护时间/h	温度/℃
2M-C-1 h	2	1	25±2
4M-C-1 h	4	1	25±2
6M-C-1 h	6	1	25±2
8M-C-1 h	8	1	25±2
10M-C-1 h	10	1	25±2
2M-C-24 h	2	24	25±2
4M-C-24 h	4	24	25±2
6M-C-24 h	6	24	25±2
8M-C-24 h	8	24	25±2
10M-C-24 h	10	24	25±2

不同成型压力下挤压成型的试块,分别碳化 1 h 和 24 h,进行抗压强度测试,每组测试 3 个试块取平均值,抗压强度随成型压力的变化以及与碳化养护时间的关系如图 2-65 所示。

由图 2-65 可以看出:成型压力对试块抗压强度有较大影响。抗压强度随着成型压力的增大先增大后减小,在 4 MPa 时达到最大值。在相同的碳化养护条件下,不同成型压力下挤压成型的试样的抗压强度有很大差异。经过 24 h 的碳化养护,10 MPa 成型试样的抗压强度为 40.4 MPa,是 4 MPa 成型试样的抗压强度的 43.2%(93.5 MPa);在相同的成型压

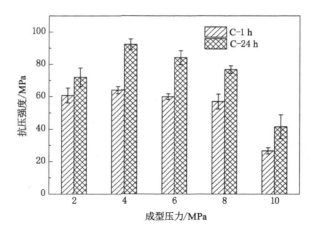

图 2-65　成型压力对抗压强度的影响

力下挤压成型,加速碳化养护 24 h 试样的抗压强度普遍高于碳化养护 1 h 试样的抗压强度,表明抗压强度随碳化养护时间的增加而增大。此外值得注意的是,试样的抗压强度在碳化养护的第 1 个小时内可以达到碳化养护 24 h 试块抗压强度的 60% 以上,抗压强度在碳化养护 1~24 h 内虽然有增长,但是增长速率远低于第 1 个小时。结果表明:α-CS 可以通过加速碳化养护快速获得较高的抗压强度,所需养护周期短。

2.8.5　$C_{12}A_7$ 和 C_4AF 矿物的碳化硬化性能

由于研究发现 C_4AF 和 $C_{12}A_7$ 矿物在碳化过程中会结合部分拌和水,因此相比 C_2S 矿物,C_4AF 和 $C_{12}A_7$ 矿物理论上需要更高的水固比才能获得较高的碳化程度。通过探索,C_4AF 和 $C_{12}A_7$ 单矿合适的碳化水灰比为 0.4 和 0.6。因此,对制备的 C_4AF 和 $C_{12}A_7$ 单矿分别添加 40% 和 60% 的拌和水后在 2 MPa 成型压力下压制成 2 cm×2 cm×2 cm 的立方块,对压制成型的试块进行碳化养护。碳化养护 24 h 后各单矿的碳化硬化性能如图 2-66 所示,由图可见:C_4AF 和 $C_{12}A_7$ 单矿的碳化硬化性能明显低于硅酸二钙矿物,碳化 24 h 后,C_4AF 矿物的抗压强度仅为 25.6 MPa,$C_{12}A_7$ 矿物的抗压强度仅为 21.2 MPa。

通过比较 3 种单矿碳化后样品的 TG 曲线可以看出:500~850 ℃内的失重率相差不大,即 3 种矿物碳化生成的碳酸钙晶体含量相近,但是各矿物的碳化力学性能相差很大。比较产物的类型可知:硅酸二钙碳化还生成了高度聚合的具有三维网状结构的二氧化硅凝胶,二氧化硅凝胶之间是化合键,具有巨大的胶结能力;而铝酸钙和铁铝酸四钙碳化后虽然也会产生铝胶和铁胶,但是这些凝胶之间只能通过范德瓦尔斯力和氢键黏结,黏结性能低于高度聚合的二氧化硅凝胶。此外,硅酸二钙碳化后形成了致密的硬化体,碳化钙晶体和未反应的颗粒紧紧地填充在二氧化硅凝胶形成的三维网状结构中,类似于纤维混凝土结构;而铝酸钙和铁铝酸四钙碳化后形成了较松散的硬化体,碳化生成的碳酸钙和铝(铁)胶填充在颗粒孔隙之间,孔隙率较大。碳化反应后,凝胶产物类型和产物的微观分布是这 3 种矿物碳化硬化性能存在较大差异的主要原因。

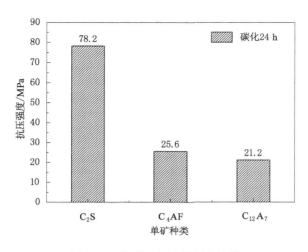

图 2-66　各单矿的碳化硬化性能

2.9　本章小节

(1) 室温条件下(25 ℃),铝酸钙和铁铝酸钙与二氧化碳发生反应的吉布斯自由能绝对值比硅酸钙各单矿大得多,即 $C_{12}A_7$ 最易与 CO_2 发生碳化反应,其次是 C_4AF,最后是 C_2S;对于硅酸钙各单矿,碳化反应的热力学顺序不仅与钙、硅物质的量比有关,随着钙、硅物质的量比的降低,反应的吉布斯自由能绝对值降低,反应活性降低,同一钙、硅物质的量比时还与矿物晶型有关,高温晶型的反应活性更强;各单矿碳化反应的容易程度由高到低顺序为:$C_{12}A_7$、C_4AF、α-C_2S、β-C_2S、γ-C_2S、C_3S_2、α-CS、β-CS,即 β-CS 最难与 CO_2 发生反应。

(2) β-C_2S 和 γ-C_2S 矿物碳化均生成了大量的碳酸钙产物,碳酸钙以方解石晶型为主,且碳化生成的碳酸钙产物含量相差不大;与 C_2S 相比,C_3S_2 和 CS 的碳化失重率随钙、硅物质的量比的降低而降低,这是因为随着硅酸钙矿物钙、硅物质的量比的降低矿物中氧化钙含量降低,理论吸收的二氧化碳含量降低;C_4AF 矿物碳化反应生成了大量的 $CaCO_3$、$Fe(OH)_3$ 和 $Al(OH)_3$,碳化生成的 $CaCO_3$ 比较稳定,主要为方解石晶体。$C_{12}A_7$ 单矿碳化生成了较多的 $Al(OH)_3$,且碳酸钙的分解失重过程开始较早,有较多介稳态的碳酸钙晶体生成。

(3) 设计了能够测试材料碳化反应热的等温量热仪器,测试了 C_2S 碳化放热曲线,建立了 C_2S 碳化反应动力学模型。C_2S 碳化过程分为三个阶段:① 碳化加速期(0~10 min),主要受自催化成核控制;② 碳化减速期(10~120 min),主要受相边界反应控制;③ 碳化衰减期(120 min 以后),主要受扩散控制。硅酸钙单矿的碳化反应不是单一的反应过程,而是 3 个基本过程同时发生,但不同阶段控速过程不同,整个反应过程的反应速率由反应速率最低的过程控制。碳化反应初期由于碳化产物较少,碳化反应由自催化成核反应控制(NG);随着反应产物的生成,反应逐渐过渡为相边界反应控制(I);由于前两个阶段的反应速率较快,所以碳化产物能够迅速生成,生成的碳化产物包裹在原有的颗粒表层,阻碍了离子的迁移,使得前两个阶段的持续时间较短,碳化反应迅速转变为受扩散过程控制。

（4）硅酸钙碳化产物为碳酸钙晶体和高度聚合的二氧化硅凝胶，碳酸钙晶体包括方解石和球霰石，以方解石晶体为主，且碳化产物主要在前 2 h 内大量生成。碳化产物呈层状分布，未反应的硅酸二钙颗粒被二氧化硅凝胶包裹，碳酸钙晶体填充在颗粒孔隙之间，形成了致密的硬化体结构。C_4AF 碳化生成了大量的方解石晶体和 $Al(OH)_3$、$Fe(OH)_3$ 非晶态凝胶；$C_{12}A_7$ 矿物碳化后生成碳酸钙晶体和 $Al(OH)_3$ 非晶态凝胶，且碳化生成的碳酸钙有 3 种晶型，分别为方解石、球霰石和文石；C_4AF 和 $C_{12}A_7$ 矿物碳化后颗粒表层形成了较多的碳化产物，碳化产物的形貌不规则，但是产物之间黏结较差，孔隙率较高。

（5）硅酸钙和铝酸钙矿物碳化生成的碳酸钙晶体含量类似，但是各矿物的碳化力学性能相差很大。比较产物的类型可知：硅酸二钙碳化还生成了高度聚合的具有三维网状结构的二氧化硅凝胶，二氧化硅凝胶之间是化合键，具有巨大的胶结能力；而铝酸钙和铁铝酸四钙碳化后虽然也会产生铝胶和铁胶，但是这些凝胶之间只能通过范德瓦尔斯力和氢键黏结，黏结性能低于高度聚合的二氧化硅凝胶。此外，碳化反应后产物的微观分布是这 3 种矿物碳化硬化性能存在较大差异的主要原因。

第 3 章　自粉化低钙胶凝材料的制备及碳化硬化性能

3.1　引言

为了降低水泥的烧成能耗和粉磨电耗,减少 CO_2 气体的排放量,提出了一种以 $\gamma\text{-}C_2S$ 为主要矿物的新型水泥——自粉化低钙水泥[52-53],并采用加速碳化技术使其凝结硬化。研究了自粉化低钙水泥的制备方法、碳酸化后的力学性能和微观结构等。

3.2　相图理论分析

图 3-1 是 $CaO\text{-}Al_2O_3\text{-}SiO_2$ 三元系统相图中的高钙区 $CaO\text{-}C_2S\text{-}C_{12}A_7$ 系统。按照划分副三角形的方法,可以划分为 $\triangle CaO\text{-}C_3S\text{-}C_3A$、$\triangle C_3S\text{-}C_2S\text{-}C_3A$ 和 $\triangle C_3A\text{-}C_2S\text{-}C_{12}A_7$ 3 个副三角形。根据三角形规则,熔体的配料点落在哪个三角形内,最后的析晶产物便是这个副三角形的 3 个顶点所代表的晶相。所以硅酸盐水泥的配料应选在 $\triangle C_3S\text{-}C_2S\text{-}C_3A$ 内。由于熟料中各矿物组成含量会有所变化以及烧成时所需的液相量不同,所以将配料范围进一步缩小,进而将硅酸盐水泥的配料范围缩小在 $\triangle C_3S\text{-}C_2S\text{-}C_3A$ 中靠近 $C_3S\text{-}C_2S$ 边的小圆圈内。

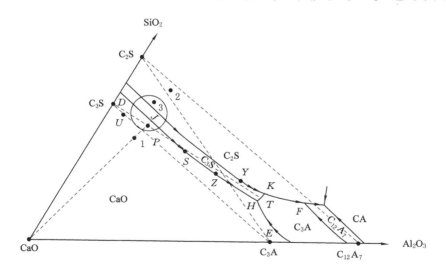

图 3-1　$CaO\text{-}Al_2O_3\text{-}SiO_2$ 三元系统高钙区部分相图[26]

试验主要研究以 $\gamma\text{-}C_2S$ 为主要矿物的自粉化低钙水泥,理论设计 C_3S 含量为 0,所以该水泥体系在相图中的位置应处于 $\triangle C_3S\text{-}C_2S\text{-}C_3A$ 中的 $C_2S\text{-}C_3A$ 边上。

3.3 用化学试剂制备自粉化低钙水泥

3.3.1 生料配合比计算

硅酸盐水泥熟料各率值的计算公式如下：

$$KH=\frac{m_{CaO}-1.65m_{Al_2O_3}-0.35m_{Fe_2O_3}}{2.8m_{SiO_2}}=\frac{m_{C_3S}+0.883\,8m_{C_2S}}{m_{C_3S}+1.325\,6m_{C_2S}}\quad\left(\frac{m_{Al}}{m_{Fe}}\geqslant0.64\right)\quad(3\text{-}1)$$

$$SM=\frac{m_{SiO_2}}{m_{Al_2O_3}+m_{Fe_2O_3}}=\frac{m_{C_3S}+1.325m_{C_2S}}{1.434m_{C_3A}+2.046m_{C_4AF}}\quad\left(\frac{m_{Al}}{m_{Fe}}\geqslant0.64\right)\quad(3\text{-}2)$$

$$IM=\frac{m_{Al_2O_3}}{m_{Fe_2O_3}}=\frac{1.15m_{C_3A}}{m_{C_4AF}}+0.64\quad\left(\frac{m_{Al}}{m_{Fe}}\geqslant0.64\right)\quad(3\text{-}3)$$

通常硅酸盐水泥熟料的石灰饱和系数 KH 值为 0.85～0.97，硅率 SM 为 1.7～2.7，铝率 IM 为 0.9～1.7。

因为设计的自粉化低钙水泥以 $\gamma\text{-}C_2S$ 为主要矿物，为了尽可能提高 C_2S 含量，直接设定 KH 为 0.667，即 C_3S 的理论值为 0。

自粉化低钙水泥设定率值见表 3-1。

表 3-1 自粉化低钙水泥的率值

项目	KH	SM	IM
自粉化低钙水泥	0.667	1.7～4.5	1.4～2.0

根据水泥设定率值和原料的化学成分分析，利用 Excel 的规划求解[54]来确定各组试样生料的配合比。配料方案见表 3-2。

表 3-2 自粉化低钙水泥生料配合比（一）

分类	A_1	A_2	A_3	A_4	A_5	A_6	A_7
物相组成/wt%							
C_3S	0	0	0	0	0	0	0
C_2S	68.12	73.25	76.96	78.83	80.67	82.08	83.20
C_3A	13.40	11.33	10.23	9.54	8.84	8.33	7.95
C_4AF	20.28	15.99	12.18	10.48	8.87	7.57	6.51
率值							
KH	0.667	0.667	0.667	0.667	0.667	0.667	0.667
SM	1.7	2.0	2.5	3.0	3.5	4.0	4.5

表 3-2(续)

分类	A₁	A₂	A₃	A₄	A₅	A₆	A₇
IM	1.40	1.45	1.60	1.68	1.78	1.90	2.00
配料组成/wt%							
CaCO₃	75.46	75.59	75.62	75.65	75.69	75.71	75.73
SiO₂	16.04	17.24	18.12	18.56	18.99	19.33	19.59
Al₂O₃	6.55	5.36	4.51	4.08	3.65	3.33	3.07
Fe₂O₃	4.46	3.52	2.68	2.31	1.95	1.67	1.43

3.3.2　生料片的制备

将试验原料用振动磨进行粉磨,每次 200 g,粉磨后的物料用负压筛析仪进行筛余控制(负压筛为 0.080 mm 方孔筛),筛余控制在 10% 以内。按试验方案中配合比配料(精确至 0.1 g),将配好的生料放入混料机中均匀混合。按照 $m_w : m_c = 0.1$ 向生料中加自来水,充分搅拌混合均匀后称取 20.0 g 的湿生料放入专用钢模中,用台式粉末压片机以 10 MPa 的压力压制成底面直径 $d = 30$ mm 的圆柱体生料片。最后置于设定温度为 (105 ± 5)℃的恒温干燥箱内进行充分烘干 360 min 以上。

3.3.3　煅烧制度的设计

对原料中的 CaCO₃ 进行热分析,结果如图 3-2 所示。

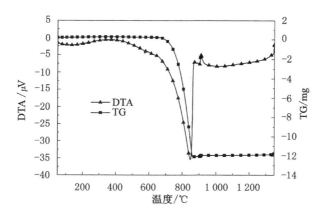

图 3-2　CaCO₃ 的 DTA、TG 曲线

由图 3-2 可以看出:在 800~900 ℃之间出现强烈的吸热峰,并伴随着失重,说明 CaCO₃ 在此温度范围内分解。由于碳酸钙分解是一个极其吸热的过程,因此在煅烧过程中,为了使碳酸钙分解进行得更彻底,提高烧制水泥的质量,在 900 ℃保温 30 min。

将烘干后的生料片置于刚玉陶瓷坩埚中,放入升降式硅钼棒电炉中。设置如表 3-3 所示升温程序,待煅烧完成后取出物料,在空气中自然冷却。

表 3-3　升温程序

矿物	T_0/℃	t_1/min	T_1/℃	t_2/min	T_2/℃	t_3/min	T_3/℃	t_4/min	T_4/℃	t_5/min	T_5/℃
$\gamma\text{-}C_2S$	20	45	300	60	900	30	900	35	1 250	120	1 250
$\gamma\text{-}C_2S$	20	45	300	60	900	30	900	40	1 300	120	1 300
$\gamma\text{-}C_2S$	20	45	300	60	900	30	900	45	1 350	120	1 350

相图分析结果表示 $\gamma\text{-}C_2S$ 单矿的煅烧温度为 1 250 ℃，由于煅烧温度会影响游离氧化钙的含量，所以设置烧成温度为 1 250 ℃、1 300 ℃、1 350 ℃，然后根据煅烧出的 $\gamma\text{-}C_2S$ 的效果选择合适的煅烧温度。

按照以上煅烧制度进行 $\gamma\text{-}C_2S$ 的制备。烧成温度为 1 350 ℃，从高温电炉内取出坩埚时水泥呈片状，置于空气中不足 1 min 即发生自粉化，并且颜色稍微改变，图 3-3 和图 3-4 为自粉化前、后对照图。

图 3-3　自粉化前的 $\gamma\text{-}C_2S$

图 3-4　自粉化后的 $\gamma\text{-}C_2S$

对在不同温度下烧成的 $\gamma\text{-}C_2S$ 单矿进行游离氧化钙（f-CaO）含量测定，各组试样中 f-CaO 含量见表 3-4。

表 3-4　$\gamma\text{-}C_2S$ 试样中 f-CaO 含量

序号	矿物名称	f-CaO 含量/%	平均值/%
1	$\gamma\text{-}C_2S$(1 250 ℃)	17.867	
2	$\gamma\text{-}C_2S$(1 250 ℃)	15.234	16.491
3	$\gamma\text{-}C_2S$(1 250 ℃)	16.372	
4	$\gamma\text{-}C_2S$(1 300 ℃)	7.705	
5	$\gamma\text{-}C_2S$(1 300 ℃)	7.475	7.734
6	$\gamma\text{-}C_2S$(1 300 ℃)	8.021	
7	$\gamma\text{-}C_2S$(1 350 ℃)	0.286	
8	$\gamma\text{-}C_2S$(1 350 ℃)	0.302	0.293
9	$\gamma\text{-}C_2S$(1 350 ℃)	0.291	

　　游离氧化钙是指经高温煅烧而仍未化合的氧化钙,也称为游离石灰。经高温煅烧的游离氧化钙,结构比较致密,水化很慢,通常在 3 d 后才发生明显反应。水化生成氢氧化钙体积增加 97.9%,在硬化的水泥浆体中产生局部膨胀力。随着游离氧化钙含量的增加,首先是抗折强度下降,进而引起 3 d 以后强度倒缩,严重时引起安定性不良。因此,在熟料煅烧过程中要严格控制游离氧化钙含量。我国回转窑一般控制在 1.5% 以下[55]。

　　由表 3-4 可以看出:当煅烧温度为 1 250 ℃ 和 1 300 ℃ 时,游离氧化钙含量远高于 1.5%,煅烧温度提高到 1 350 ℃ 时,γ-C_2S 单矿中的游离氧化钙含量低于 1.5%。

　　图 3-5 为不同温度时 γ-C_2S 的 XRD 图谱,对不同温度时制备的 γ-C_2S 单矿进行了 XRD 定性和定量分析,游离氧化钙的定量分析结果与乙二醇-乙醇法测定的结果接近。所以最终确定 γ-C_2S 单矿的煅烧温度为 1 350 ℃。进而推断制备自粉化低钙水泥的煅烧温度应该在 1 350 ℃ 附近。试验设定水泥的烧成温度分别为 1 250 ℃、1 300 ℃、1 350 ℃、1 400 ℃,升温过程类比见表 3-3。结合表 3-2 中 A_1 至 A_7 配料方案和表 3-3 的升温过程,用化学试剂纯在不同条件下制备自粉化低钙水泥,制备出的水泥形貌和游离氧化钙的含量见表 3-5。

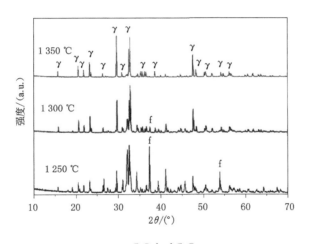

γ—γ-C_2S;f—f-CaO。

图 3-5　γ-C_2S 的 XRD 图谱

表 3-5　水泥的粉化程度和 f-CaO 含量(一)

方案	煅烧温度/℃			
	1 250	1 300	1 350	1 400
A_1	不完全粉化	完全粉化,f-CaO 含量>10.0%	完全粉化,f-CaO 含量>9.0%	完全粉化,f-CaO 含量>7.0%
A_2	不完全粉化	完全粉化,f-CaO 含量>7.0%	完全粉化,f-CaO 含量<0.5%	完全粉化,f-CaO 含量=0
A_3	不完全粉化	完全粉化,f-CaO 含量>7.0%	完全粉化,f-CaO 含量<0.5%	完全粉化,f-CaO 含量=0
A_4	不完全粉化	完全粉化,f-CaO 含量>7.0%	完全粉化,f-CaO 含量<0.5%	完全粉化,f-CaO 含量=0
A_5	不完全粉化	完全粉化,f-CaO 含量>7.0%	完全粉化,f-CaO 含量<0.5%	完全粉化,f-CaO 含量=0
A_6	不完全粉化	完全粉化,f-CaO 含量>7.0%	完全粉化,f-CaO 含量<0.5%	完全粉化,f-CaO 含量=0
A_7	不完全粉化	完全粉化,含有 SiO_2	完全粉化,含有 SiO_2	完全粉化,含有 SiO_2

由表 3-5 可以看出:按照方案 A_1 进行配料时,制备的水泥中 f-CaO 含量高;按照方案 A_7 进行配料时,制备的水泥中会出现少量的 SiO_2。按照 A_2 至 A_6 方案进行配料时,当煅烧温度低于 1 350 ℃时,制备的水泥不完全粉化或者 f-CaO 含量远高于 1.5%。只有虚线框内的配方和温度可以煅烧出完全自粉化且含有较低含量 f-CaO 的自粉化低钙水泥。虽然烧成温度为 1 400 ℃时,水泥中不存在 f-CaO,但是煅烧温度太高,浪费能源,并且煅烧温度为 1 350 ℃时,水泥中的 f-CaO 含量远小于 1.5%,不影响其使用性能,所以确定煅烧温度为 1 350 ℃。

综上所述,制备该自粉化低钙水泥时配料方案中的石灰饱和系数 KH＝0.667,硅率 SM 为 2.0～4.0,煅烧温度选择 1 350 ℃。

3.3.4 自粉化效果分析

采用比表面积分析和粒度分布分析两种方法对自粉化低钙水泥的自粉化效果进行分析。对在 1 350 ℃下煅烧的 A_2 至 A_6 方案水泥进行自粉化效果分析,发现 A_2 至 A_6 方案水泥的比表面积接近,且粒度分布相似,所以选择 A_3 方案水泥的测试结果进行如下分析。

首先,采用勃氏法测定未经研磨的 A_3 方案水泥的比表面积。经多次测试,平均值为 311.08 m^2/kg。其次,对未经粉磨的 A_3 方案水泥进行了粒径分布分析,如图 3-6 所示。由图 3-6 可以看出:水泥平均粒度约为 25 μm,d_{50}＝24.8 μm,d_{95}＝65.3 μm,粒度均小于 80 μm,说明水泥平均粒度较细,自粉化效果显著,粒度与粉磨后的普通硅酸盐水泥相当,可直接使用。

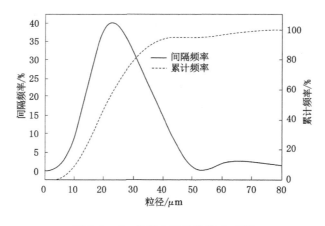

图 3-6　A_3 方案水泥的粒径分布图

3.4　用工业原料制备自粉化低钙水泥

3.4.1　制备方案设计

制备水泥所使用的工业原料为焦作市坚固水泥有限公司提供的石灰石、砂岩、河沙和铁矿石,工业原料的化学成分分析见表 3-6。

表 3-6　工业原料的化学成分分析（质量分数）　　　　　单位：%

	质量损失	SiO_2	Al_2O_3	Fe_2O_3	CaO	MgO
石灰石	41.51	3.7	1.54	0.48	50.81	1.7
砂岩	0.99	85.87	2.27	7.03	1.41	0.41
河沙	7.8	70.2	8.08	4.02	6.49	1.93
铁矿石	13.41	30.8	20.91	25.32	4.38	0.81

上一章已经采用化学试剂对自粉化低钙水泥的制备条件进行了初步探索，为实现该水泥的规模化生产，现采用工业原料制备该自粉化低钙水泥，进一步优化其制备方法，使其能够投入工业应用。

采用化学试剂制备自粉化低钙水泥时，配料计算中石灰饱和系数 KH 为 0.667，硅率 SM 为 2.0～4.0，煅烧温度选择 1 350 ℃。由于工业原料在煅烧过程中会产生更多的液相，所以可以适当提高硅率，试验设定硅率为 2.0～4.5。运用 Excel 的规划求解进行配料计算所得配料方案见表 3-7 和表 3-8。其中，表 3-7 所示配方中的硅质原料为砂岩，表 3-8 所示配方中的硅质原料为河沙，且当硅质原料为河沙时，硅率最大值为 4.0，否则铁矿石的掺量为负值。按照表中配料方案进行配料、混料、制备生料片、烘干、煅烧等。相比于化学试剂纯，工业原料在煅烧过程中会存在更多的溶剂矿物，降低煅烧温度，所以该试验的煅烧温度选择 1 250 ℃、1 300 ℃、1 350 ℃，升温程序类比表 3-3。

表 3-7　水泥生料配合比（二）

方案	石灰石/%	砂岩/%	铁矿石/%	率值		
				KH	SM	IM
B_1	75.92	11.72	12.36	0.667	2.000	0.931
B_2	77.20	14.28	8.52	0.667	2.500	0.933
B_3	77.82	15.53	6.65	0.667	3.000	0.934
B_4	78.43	16.77	4.80	0.667	3.500	0.936
B_5	78.92	17.73	3.35	0.667	4.000	0.937
B_6	79.31	18.51	2.18	0.667	4.500	0.939
B_7	79.63	19.16	1.21	0.667	5.000	0.940

表 3-8　水泥生料配合比（三）

方案	石灰石/%	河沙/%	铁矿石/%	率值		
				KH	SM	IM
C_1	74.66	14.75	10.59	0.667	2.000	0.931
C_2	75.65	17.90	6.45	0.667	2.500	0.933
C_3	76.12	19.44	4.44	0.667	3.000	0.934
C_4	76.59	21.94	2.47	0.667	3.500	0.936
C_5	76.95	22.11	0.94	0.667	4.000	0.937

对在不同条件下制备的水泥熟料进行形貌分析，B_1 方案配合比中，当 SM 取值为 2.0，烧成温度为 1 250～1 350 ℃时，水泥熟料呈现部分灰黑色块体，仅有极少部分粉化，这是由于溶剂矿物过多，使部分熟料结块；B_7 方案配合比中，即当 SM 取值为 5.0 时，在 1 250～1 350 ℃温度条件下水泥熟料约粉化 50%，这是由于溶剂矿物过少，不利于熟料的低温烧成。

在 B_2 至 B_6 方案配合比中，即当 SM 取值 2.50～4.50，煅烧温度为 1 250 ℃时，水泥熟料大部分粉化，有少量灰色小块；当煅烧温度为 1 300～1 350 ℃时，水泥熟料能够完全自粉化。所以，SM 取值 2.50～4.50，煅烧温度为 1 300～1 350 ℃时，能够煅烧出完全自粉化的水泥。

类比以上分析结果可知：当硅质矿物选择河沙时，SM 取值 2.50～3.50，煅烧温度为 1 300～1 350 ℃时，能够煅烧出完全自粉化的水泥。

综上所述，采用不同的工业原料制备该自粉化低钙水泥，令 KH＝0.667，则 SM 取值 2.50～3.50，煅烧温度为 1 300 ℃时能够制备完全自粉化且易烧性良好的自粉化低钙水泥。

3.4.2 粒度分析

从高温炉内取出坩埚时水泥呈黑色片状，置于空气中不足 1 min 即发生自粉化现象，呈土黄色粉末状。图 3-7、图 3-8 为自粉化前、后对比图。

图 3-7　自粉化前的水泥　　　　　　　　　图 3-8　自粉化后的水泥

用马尔文激光粒度分析仪对完全粉化的水泥熟料进行粒度分布分析，结果显示与表 3-9 中虚线框内的水泥熟料粒度分布相似。其中，硅率为 2.50，煅烧温度为 1 300 ℃时的 B_2 方案熟料粒径分布如图 3-9 所示，$d_{50}＝10.1\ \mu m$，$d_{90}＝26.8\ \mu m$，$d_{95}＝58.8\ \mu m$，也有少数粒度为 100 μm 左右的颗粒。为探索粗、细颗粒成分差别，用 250 目标准筛筛分，筛余粗颗粒和筛下细颗粒的 XRD 分析如图 3-10 所示。经 XRD 定量分析，筛下细颗粒中含有 12.5% β-C_2S，77.2% γ-C_2S，筛余粗颗粒中含有 78.8% β-C_2S，10.6% γ-C_2S，即该水泥熟料中部分大颗粒的主要成分为 β-C_2S。硅酸盐水泥体系中，水泥颗粒的大小直接影响水泥的强度，且粒度大于 60 μm 时不利于水泥的强度增长，前期主要充当骨料。在该水泥体系中，粒度大于 60 μm 的颗粒占比低于 5% 且主要为 β-C_2S，部分参与碳化反应，部分后期水化，对水泥的强度都有一定的促进作用。

表 3-9　水泥的粉化程度和游离氧化钙含量(二)

方案	温度/℃		
	1 250	1 300	1 350
B₁	不完全粉化	部分粉化,有大颗粒	部分粉化,有大颗粒
B₂	不完全粉化	完全粉化,不含有 f-CaO	完全粉化,不含有 f-CaO
B₃	不完全粉化	完全粉化,不含有 f-CaO	完全粉化,不含有 f-CaO
B₄	不完全粉化	完全粉化,不含有 f-CaO	完全粉化,不含有 f-CaO
B₅	不完全粉化	完全粉化,不含有 f-CaO	完全粉化,不含有 f-CaO
B₆	不完全粉化	完全粉化,不含有 f-CaO	完全粉化,不含有 f-CaO
B₇	不完全粉化	部分粉化,有大颗粒	部分粉化,有大颗粒
C₁	不完全粉化	部分粉化,有大颗粒	部分粉化,有大颗粒
C₂	不完全粉化	完全粉化,不含有 f-CaO	完全粉化,不含有 f-CaO
C₃	不完全粉化	完全粉化,不含有 f-CaO	完全粉化,不含有 f-CaO
C₄	不完全粉化	完全粉化,不含有 f-CaO	完全粉化,不含有 f-CaO
C₅	不完全粉化	部分粉化,有大颗粒	部分粉化,有大颗粒

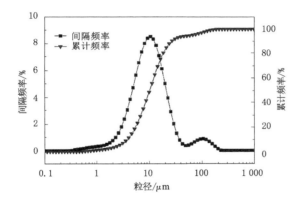

图 3-9　B₂ 方案水泥熟料的粒径分布图

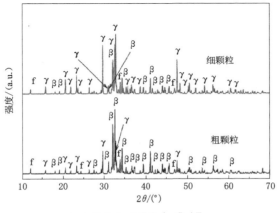

γ—γ-C_2S；β—β-C_2S；f—C_4AF。

图 3-10　B₂ 方案熟料中粗、细颗粒的 XRD 图谱

3.4.3 水泥熟料矿物的定量分析

在 1 300 ℃温度下煅烧的 B_2 至 B_6 方案水泥熟料的 XRD 定量分析结果见表 3-10。

表 3-10　B 方案水泥熟料的定量分析结果(质量分数)　　　单位:%

方案	组分				
	C_3S	C_2S	C_3A	C_4AF	总和
B_2	0.00	77.40	4.17	16.33	97.90
B_3	0.00	79.06	3.70	14.45	97.21
B_4	0.00	80.59	3.25	12.61	96.45
B_5	0.00	81.37	2.88	11.14	95.39
B_6	0.00	82.59	2.61	10.04	95.24

根据表 3-10 中水泥的矿物组成计算氧化物组成,绘制该水泥在三元相图中的位置,如图 3-11 所示,图中阴影区域表示 C_2S 相区,"○"表示普通硅酸盐水泥区域,该自粉化低钙水泥在三元相图中是一条几乎与 C_2S-C_3A 平行的线段,且靠近 C_2S,与自粉化低钙水泥的理论相图区域基本吻合。

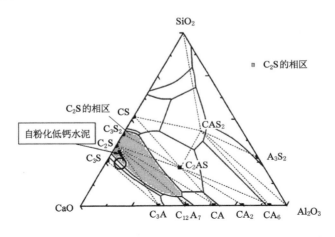

图 3-11　B 方案水泥的相图位置分布

3.5　自粉化低钙水泥的碳化硬化条件探索

γ-C_2S 是该自粉化低钙水泥的主控矿物,因为 γ-C_2S 几乎没有水化活性,所以采用加速碳化技术使其碳化硬化。现对其碳化工艺进行探索。试验中的碳化条件包括:制样过程中的水灰比、CO_2 气体分压、试块厚度、坯体成型压力和碳化过程中的碳化时间、碳化压力等。

3.5.1　水灰比对碳化速率的影响

梁晓杰等[56]研究的普通硅酸盐水泥的最佳碳化条件为:水灰比取 0.1~0.2。试验原料为在 1 350 ℃下煅烧的 A₃ 方案水泥,取水灰比为 0.1、0.15 和 0.2,设置坯体成型压力为 2.0 MPa,制备质量为 20 g、底面直径为 30 mm 的圆柱体水泥试块。记录碳化过程中反应釜内的压力和温度变化情况,如图 3-12 所示。

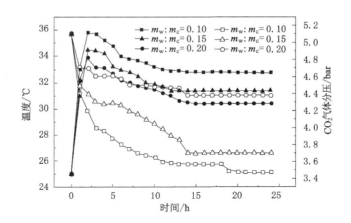

图 3-12　CO_2 反应釜内温度和压力变化与水灰比的关系曲线

由图 3-12 可以看出:0～2 h,反应釜内压力急剧下降(从 5.1 bar 下降到 4.2 bar,1 bar=100 kPa),温度急剧升高(从 25 ℃上升到 35 ℃),说明刚开始时碳化反应速率较快,并释放出大量热量,随着碳化反应的进行,反应速率降低,8 h 后趋于稳定。对比不同水灰比时反应釜内压力和温度随时间变化趋势发现:水灰比为 0.1 时,反应釜内的压力和温度变化速率较快,说明此种情况下的碳化速率较快,所以试验中的水灰比取值 0.1,碳化时间选择 8 h,并且反应速率与 CO_2 压力呈正相关关系。

3.5.2　CO_2 气体分压对水泥碳化增重率的影响

CO_2 气体分压直接影响水泥碳化增重率,进而影响碳化程度。采用 A₃ 方案水泥,m_w:m_c=0.1,室温条件下置于 CO_2 反应釜内碳化 24 h。水泥碳化增重率随 CO_2 气体分压的变化趋势如图 3-13 所示。随着 CO_2 气体分压的增大,在一定碳化反应时间内,碳化增重率增大;CO_2 气体分压小于 0.3 MPa 时,碳化增重率增幅较大;CO_2 气体分压大于 0.3 MPa 之后,碳化增重率增幅减小。当 CO_2 气体分压小于 0.3 MPa 时,水泥碳化反应过程受 CO_2 溶解电离平衡控制,但是当 CO_2 气体分压大于 0.3 MPa 时,水泥碳化反应过程受反应物的扩散速率控制,所以试验设定 CO_2 气体分压为 0.3 MPa。

3.5.3　试块厚度对碳化增重率的影响

设置坯体成型压力为 2.0 MPa,取 m_w:m_c=0.1,分别压制底面直径为 30 mm,厚度为 4 mm、8 mm、12 mm、16 mm 的水泥试块,设置 CO_2 气体分压为 0.3 MPa,测试试块的碳化增重率随时间的变化情况,如图 3-14 所示。

由图 3-14 可以看出:0～2 h 内碳化增重率显著上升(从 0 增大到 12.6%),8 h 后上升幅度很小(从 14.8%增大到 18.2%)。增重率随试块厚度的增加先增大后减小,说明试块过厚不利于碳化反应的进行。

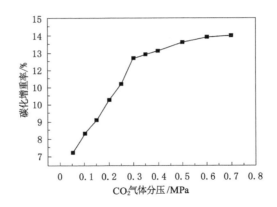

图 3-13　CO_2 气体分压对水泥试块碳化增重率的影响

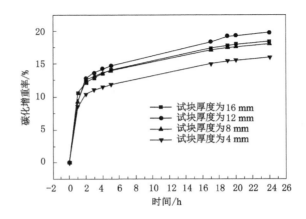

图 3-14　不同水泥试块厚度时的碳化增重率随时间的变化曲线

3.5.4　坯体成型压力对碳化增重率的影响

为探索坯体成型压力对碳化增重率的影响,在不同坯体成型压力下制备底面直径为 30 mm 的圆柱体水泥试块,制备条件见表 3-11。

表 3-11　水泥试块的制备条件

试块编号	水灰比	坯体成型压力/MPa
P2	0.1	2
P4	0.1	4
P6	0.1	6
P8	0.1	8
P10	0.1	10

将试块置于 CO_2 反应釜中,设置反应釜内压力为 0.3 MPa,试块的碳化增重率随时间的变化趋势如图 3-15 所示。

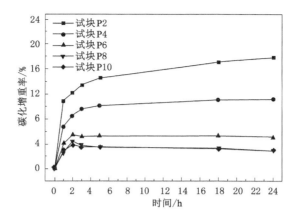

图 3-15　不同水泥试块的碳化增重率随时间的变化曲线

由图 3-15 可以看出：0～2 h 阶段，碳化增重率显著上升，8 h 后趋于稳定；随着加载压力的增大，碳化增重率显著下降（从 17.8％下降到 3.2％），和热分析结果一致，说明坯体成型压力过大不利于自粉化低钙水泥对 CO_2 气体的固化。

3.5.5　坯体成型压力对抗压强度的影响

为确定合适的坯体成型压力，对不同坯体成型压力下制备的试块进行强度测试，如图 3-16 所示。

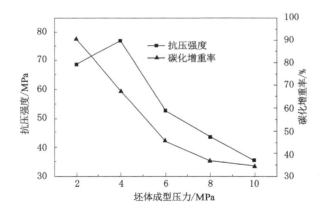

图 3-16　抗压强度、碳化增重率与坯体成型压力的关系曲线

由图 3-16 可以看出：随着坯体成型压力的增大，试块的碳化增重率下降；坯体成型压力小于 4 MPa 时，抗压强度随着坯体成型压力的增大而增大，坯体成型压力大于 4 MPa 而小于 10 MPa 时，抗压强度随着坯体成型压力的增大而减小，因此，只有当坯体成型压力处于最佳范围内时才能达到最大的抗压强度。

碳化反应程度直接影响试块抗压强度，而试块 P4 的碳化增重率远小于试块 P2，抗压强度却远高于 P2。由于碳化后的水泥试块体积未发生变化，但质量有所增加，所以其致密度提高，孔隙率降低。本试验中水泥试块致密度的影响因素主要是坯体成型压力和碳化程度，当坯体的成型压力过小时,孔隙率大,虽然有利于 CO_2 渗透到试块内部,碳化反应程度高,但是碳化产物的量并不能使试块充分密实,故强度不高;当坯体的成型压力过大时,孔隙率过小,将显著阻碍 CO_2 的渗透,降低钙酸化反应程度,试块强度也会降低。P4 试块的强度最高,是最佳的成型压力和碳化反应率综合作用的结果。

3.6 自粉化低钙水泥的碳化硬化性能

根据上述碳化工艺的探索结果,试验碳化条件设定为:CO_2 气体分压为 0.3 MPa,碳化温度为 25 ℃,碳化时间为 8 h;挤压成型制备试块时,水灰比为 0.1,坯体成型压力设定为 4 MPa。

3.6.1 γ-C_2S、β-C_2S、C_3S 的碳化强度分析

因为该自粉化低钙水泥的主要硅酸盐矿物组分是 γ-C_2S 和 β-C_2S,为探讨这两种矿物的碳化硬化性能,对 γ-C_2S、β-C_2S、C_3S 几种常见的硅酸盐矿物进行碳化强度比较。几种单矿的制备条件见表 3-12。

表 3-12　γ-C_2S、β-C_2S、C_3S 组成成分(质量分数)及制备条件　　单位:%

矿物	$CaCO_3$	SiO_2	BaO	P_2O_5	B_2O_3	烧成温度/℃	冷却方式
γ-C_2S	76.92	23.08	—	—	—	1 350	自然冷却
β-C_2S	74.65	22.15	2.00	0.70	0.50	1 350	风扇急冷
C_3S	83.33	16.67	—	—	—	1 510	风扇急冷

将 3 种单矿分别挤压成型底面直径为 3 cm、高为 3 cm 的圆柱体试块,置于 CO_2 反应釜内碳化后测试其碳化增重率和抗压强度,如图 3-17 所示。从图中可以看出:3 种单矿碳化后均获得了很高的强度,γ-C_2S 和 β-C_2S 的强度虽然略低于 C_3S,但是 C_3S 的煅烧温度高、氧化钙含量高,而 C_2S 煅烧温度低、氧化钙含量低,既能节约石灰石,又能节约燃料,更符合低钙环保的要求,并且二者碳化后具有良好的物理性能,所以该自粉化低钙水泥具有良好的碳化硬化性能。

3 种单矿碳化前、后的 XRD 图谱如图 3-18、图 3-19、图 3-20 所示,可以看出:3 种单矿碳化后生成的主要矿物均为碳酸钙。

3.6.2 胶砂试块的碳化强度分析

选取 1 300 ℃煅烧的 B_2 方案水泥,设定水灰比为 0.30、0.35、0.40、0.45、0.50,按照 $m_{水泥}:m_{砂}=1:3$ 进行配制混合料,用砂浆搅拌机搅拌均匀后成型,制备 40 mm×40 mm×160 mm 胶砂试块。试验结果表明:当水灰比大于 0.35 时,砂浆因为过稀而不便于成型脱模,当水灰比小于 0.35 时,砂浆则过稠无法浇注,所以最终选择水灰比为 0.35 进行浇注成型。24 h 后脱模,置于 CO_2 反应釜中碳化 8 h,取出后置于养护室内,在不同的龄期测定其强度。如图 3-21 所示,经碳化后,8 h 抗压强度为 51.6 MPa,180 d 抗压强度为 70.0 MPa,8 h 抗折强度高于 8.2 MPa,180 d 抗折强度达 13.9 MPa。正是 $CaCO_3$ 和 SiO_2

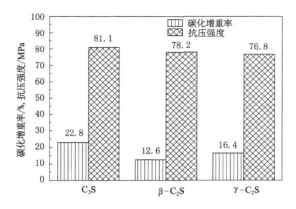

图 3-17　C_3S、β-C_2S、γ-C_2S 的碳化增重率与抗压强度

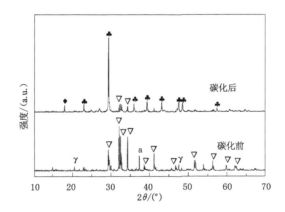

∇—C_3S；γ—γ-C_2S；a—f-CaO；♣—$CaCO_3$；◆—$Ca(OH)_2$。

图 3-18　C_3S 碳化前、后的 XRD 图谱

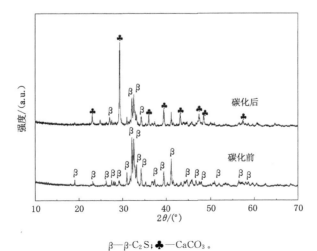

β—β-C_2S；♣—$CaCO_3$。

图 3-19　β-C_2S 碳化前、后的 XRD 图谱

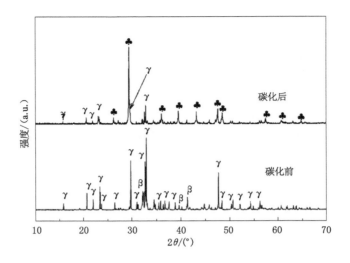

$\gamma—\gamma-C_2S$；$\beta—\beta-C_2S$；♣—CaO_3。

图 3-20　$\gamma-C_2S$ 碳化前、后的 XRD 图谱

凝胶的共同作用,使得水泥达到高强效果。后期强度增长的主要原因是该水泥中 $\beta-C_2S$ 的水化作用。

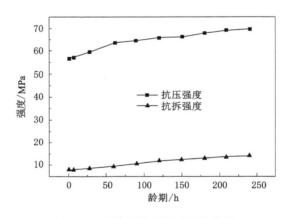

图 3-21　碳化试块不同龄期的强度

3.6.3　碳化产物分析

3.6.3.1　碳化产物的 XRD 图谱分析

对碳化前、后的水泥进行 XRD 图谱分析,并对比碳化前、后矿物的 XRD 图谱,如图 3-22 所示,碳化前水泥的主要矿物相为 $\gamma-C_2S$,而碳化后的主要矿物相为 $CaCO_3$。因为 $\gamma-C_2S$ 的碳化反应方程式为:

$$2CaO \cdot SiO_2 + 2CO_2 + H_2O \longrightarrow 2CaCO_3 + SiO_2 + H_2O \tag{3-4}$$

所以碳化后的产物中存在 SiO_2,而 XRD 图谱中并没有出现 SiO_2 的峰,为进一步测定

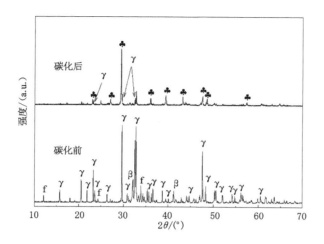

$\gamma—\gamma\text{-}C_2S;\beta—\beta\text{-}C_2S;f—C_4AF;\clubsuit—CaO_3(方解石)。$

图 3-22　碳化前、后水泥的 XRD 谱

碳化产物中 SiO_2 的存在形式,采用红外光谱对碳化前、后的水泥进行分析。

3.6.3.2　碳化产物的 FT-IR 分析

FT-IR 分析结果如图 3-23 所示。碳化前吸收峰 436 cm^{-1}、514 cm^{-1}、562 cm^{-1}、850~990 cm^{-1} 均是 $\gamma\text{-}C_2S$ 中的 $[SiO_4]$ 基团吸收峰,碳化后 $[SiO_4]$ 基团的吸收峰向更高波数(1 089 cm^{-1}、794 cm^{-1}、468 cm^{-1})迁移,说明该水泥碳化反应生成了较高聚合度的非晶态 SiO_2,同时还出现了 875 cm^{-1} 和 713 cm^{-1} $[CO_3^{2-}]$ 吸收峰。

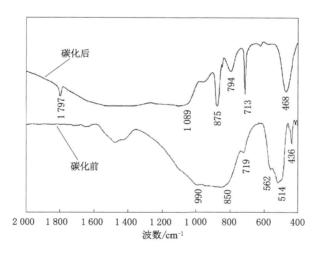

图 3-23　碳化前、后水泥的红外光谱

3.6.3.3　碳化产物的热分析

为了对水泥的碳化产物进行定量分析,选取 P2、P4、P8、P10 试块,将其研磨,然后进行热分析测试,结果如图 3-24 和图 3-25 所示。

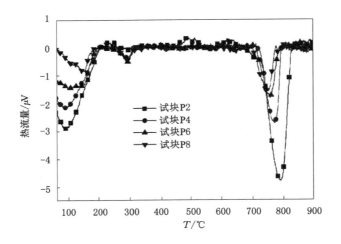

图 3-24　碳化后水泥的 DTA 曲线

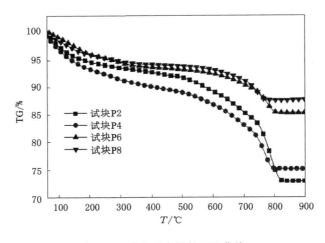

图 3-25　碳化后水泥的 TG 曲线

由图 3-24 可以看出：100～200 ℃和 750～850 ℃之间出现吸热峰并伴随失重。100～200 ℃之间出现吸热峰的原因是不定型二氧化硅脱水吸热，750～850 ℃之间出现吸热峰的原因是 $CaCO_3$ 分解吸收大量热量。图 3-25 所体现的规律和图 3-24 相对应，随着坯体成型压力的提高失重率显著降低（100～200 ℃从 4.25% 降低到 2.99%，750～850 ℃从 18.74% 降低到 6.10%）。根据失重率能定量表征碳化反应生成的硅胶和碳酸钙的量，所以在 2～10 MPa 范围内，随着坯体成型压力的增大，碳化反应程度显著下降。

3.6.3.4　碳化产物的 SEM-EDS 分析

采用扫描电镜观察碳化前、后净浆试块中颗粒的形貌变化，如图 3-26 所示。图 3-26（a）是碳化前的形貌图，图 3-26（b）是碳化后的形貌图，图 3-26（c）是 M 区的放大图，图 3-26（d）为 a 点的能谱。碳化硬化后的产物胶结在一起，不再松散。由能谱分析可以看出：其主要元素为 O、Ca、Si、C，与碳化产物的元素组成相匹配。

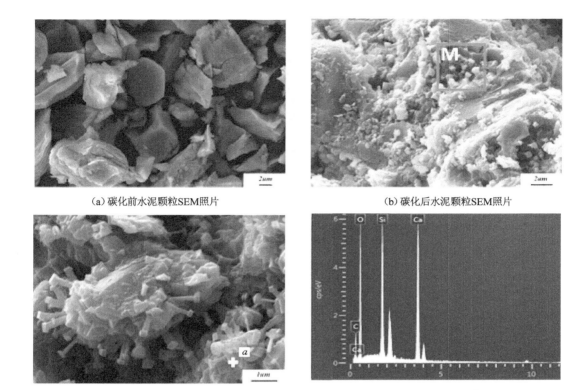

(a) 碳化前水泥颗粒SEM照片　　　　　　　(b) 碳化后水泥颗粒SEM照片

(c) M区放大后的SEM照片　　　　　　　(d) a点的EDS谱

图 3-26　碳化前、后水泥颗粒的 SEM 照片及 M 区中 a 点的 EDS 谱

　　碳化之后胶砂试块中水泥与砂石之间的胶结情况如图 3-27 所示,图 3-27(c)是图 3-27(a)中 N 区的放大图,R 区和 Q 区是胶砂界面,图 3-27(b)和图 3-27(d)分别是 b、c 点的能谱图。从图中可以看出:水泥碳化产物和砂粒接触面非常紧密,黏结强度高,表现为优异的界面过渡区。

3.6.4　CO_2 减排量分析

　　现有的水泥生产工艺中,煅烧 1 t 水泥约释放 860 kg CO_2,研究的自粉化低钙水泥生产过程中可减少 15%～20% 的 CO_2 气体排放,即每生产 1 t 此种水泥释放 688～731 kg CO_2 气体。将这种自粉化低钙水泥与普通水泥生产和使用过程中排放的 CO_2 气体比对,见表 3-13。

表 3-13　CO_2 排放量比对表

水泥质量 /t	普通硅酸盐水泥 CO_2 排放量/kg	自粉化低钙水泥 CO_2 排放量/kg	自粉化低钙水泥平均碳酸化增重率/%	自粉化低钙水泥碳化增重质量/kg	自粉化低钙水泥 CO_2 总排放量/kg	差值/kg
1.0	860	688	15	150	538	322

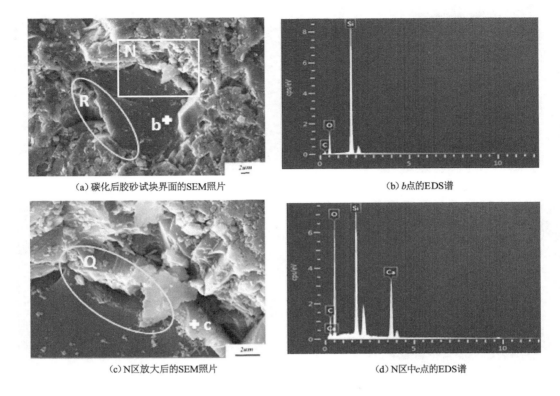

（a）碳化后胶砂试块界面的SEM照片　　　　（b）b点的EDS谱

（c）N区放大后的SEM照片　　　　（d）N区中c点的EDS谱

图 3-27　碳化后胶砂试块界面的 SEM 照片及 N 区中 c 点的 EDS 谱

经对比可知：每吨自粉化低钙水泥比普通硅酸盐水泥在生产和使用过程中排放的 CO_2 气体约减少 322 kg，即 CO_2 减排量达 37.44%。这种温室气体减排的优势符合低钙、绿色、经济的要求。

3.7　本章小节

（1）用化学试剂制备自粉化低钙水泥时，石灰饱和系数 KH＝0.667，硅率 SM 范围为 2.0～4.0，煅烧温度选择 1 350 ℃。采用不同的工业原料制备自粉化低钙水泥时，KH＝ 0.667，SM 取值 2.50～3.50，煅烧温度为 1 300 ℃。该自粉化低钙水泥易烧性良好，自粉化效果佳，与粉磨后的普通硅酸盐水泥粒度相当，无须粉磨，可直接投入工业应用，节约粉磨能耗。

（2）挤压成型制样过程中的水灰比取 0.1，坯体成型压力取 4 MPa，碳化过程中的 CO_2 气体分压取 0.3 MPa，碳化时间选择 8 h。水泥试块在 CO_2 反应釜内碳化 8 h 后，不仅可以吸收大量的 CO_2，还能够获得很高的强度，达 76.8 MPa。

（3）用 B_2 方案水泥制备 40 mm×40 mm×160 mm 的胶砂试块，碳化 8 h 后抗折强度为 8.2 MPa，抗压强度为 51.6 MPa；碳化后标准养护 180 d，抗折强度达 13.9 MPa，抗压强度达 70.0 MPa。该水泥碳化过程中主要的化学反应式为：$2CaO \cdot SiO_2 + 2CO_2 \longrightarrow$

$2CaCO_3 + SiO_2$（凝胶）$+ H_2O$，也正是 $CaCO_3$ 和 SiO_2 凝胶的共同作用，使得水泥达到高强效果。后期强度增长的主要原因是该水泥中 $\beta\text{-}C_2S$ 的水化作用。胶砂试块中的水泥碳化产物和砂粒接触面非常紧密，黏结强度高，表现为优异的界面过渡区。

（4）该自粉化低钙水泥烧成温度低，相比普通硅酸盐水泥，该水泥生产过程节约石灰石，降低烧成煤耗；碳化硬化过程中吸收 CO_2，可实现温室气体的安全、永久封存。每吨自粉化低钙水泥比普通硅酸盐水泥在生产和使用过程中排放的 CO_2 气体约减少 $322\ kg$，即 CO_2 减排量达 37.44%。

第 4 章　C_3S_2-CS 型低钙胶凝材料的制备及碳化硬化性能

4.1　引言

为了进一步降低水泥的烧成能耗,减少 CO_2 气体的排放量,探索了氧化钙含量更低的 C_3S_2-CS 型碳化硬化型低钙硅酸盐胶凝材料的制备、烧成热力学、配料指标、矿物组成与煅烧温度和力学性能的关系。研究了胶凝材料碳化前、后的微观形貌、物质结构的变化以及产物的类型与分布。

4.2　C_3S_2 与 α-CS 烧成热力学

CaO-SiO_2 二元相图如图 4-1 所示。由图 4-1 可知:CaO-SiO_2 系统中有 4 种硅酸盐矿物,即 C_3S、C_2S、C_3S_2 和 CS。C_2S 和 CS 属于一致熔融化合物,C_3S 和 C_3S_2 属于不一致熔融化合物,高温会分解。主要研究的矿物是氧化钙含量较低的 C_3S_2 与 CS,因此以 CaO-SiO_2 二元相图为指导,结合两种矿物的形成热力学分别对两种矿物进行煅烧。

4.2.1　α-CS 矿物的烧成热力学

4.2.1.1　α-CS 吉布斯自由能的计算

矿物在同一条件下吉布斯自由能的大小与矿物形成的难度和稳定性有关,通过计算相同温度下不同物质的吉布斯自由能,对比吉布斯自由能的大小,来判断物质形成规律,计算公式如下:

$$\Delta G_m^\ominus = \sum_B \nu_B \Delta_f G_m^\ominus (B) \tag{4-1}$$

吉布斯自由能与反应物化学计量数有关,因此在温度相同和原料物质的量比不同的情况下,同一物质的吉布斯自由能是不同的。

$CaCO_3$ 与 SiO_2 物质的量比为 1:1 时,可能发生以下反应:

$$CaCO_3 + SiO_2 \longrightarrow CS + CO_2 \tag{4-2}$$

$$CaCO_3 + \frac{2}{3}SiO_2 \longrightarrow C_3S_2 + CO_2 \tag{4-3}$$

$$CaCO_3 + \frac{1}{2}SiO_2 \longrightarrow \frac{1}{2}C_2S + CO_2 \tag{4-4}$$

$$CaCO_3 + \frac{1}{3}SiO_2 \longrightarrow \frac{1}{3}C_3S + CO_2 \tag{4-5}$$

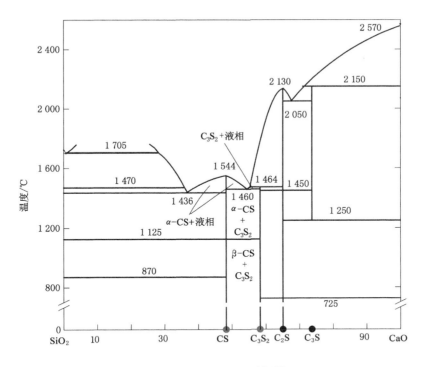

图 4-1　CaO-SiO₂ 二元相图

825 ℃之后 CaCO₃ 分解为 CaO 和 CO₂，CO₂ 不参与反应，以上反应变化如下：

$$CaO + SiO_2 \longrightarrow CS \tag{4-6}$$

$$CaO + \frac{2}{3}SiO_2 \longrightarrow \frac{1}{3}C_3S_2 \tag{4-7}$$

$$CaO + \frac{1}{2}SiO_2 \longrightarrow \frac{1}{2}C_2S \tag{4-8}$$

$$CaO + \frac{1}{3}SiO_2 \longrightarrow \frac{1}{3}C_3S \tag{4-9}$$

按式(4-1)计算不同温度下每个矿物的吉布斯自由能，使用的数据来自《实用无机物热力学数据手册》[57]。计算结果如图 4-2 所示，图 4-2 中 800~900 ℃之间的转折是 CaCO₃ 分解造成的，转折前、后反应物发生了变化。900 ℃之后的拐点是矿物发生了晶型转变。

由图 4-2 可以看出：反应生成各种硅酸钙的吉布斯自由能的大小顺序为：(1) 在 1 480 ℃之前，$\Delta G^{\ominus}_{C_3S}(T) > \Delta G^{\ominus}_{C_2S}(T) > \Delta G^{\ominus}_{C_3S_2}(T) > \Delta G^{\ominus}_{CS}(T)$；(2) 在 1 480 ℃之后，$\Delta G^{\ominus}_{C_3S}(T) > \Delta G^{\ominus}_{C_3S_2}(T) > \Delta G^{\ominus}_{C_2S}(T) > \Delta G^{\ominus}_{CS}(T)$。从热力学角度，可能性最大的反应是具有最小 ΔG 值的反应，所产生的化合物也是最稳定的。该配合比中 $\Delta G^{\ominus}_{CS}(T)$ 最小，因此，最终存在且稳定的矿物是 α-CS。另外，$\Delta G^{\ominus}_{C_2S}(T)$ 与 $\Delta G^{\ominus}_{C_3S_2}(T)$ 比较接近，且仅小于 $\Delta G^{\ominus}_{CS}(T)$，因此反应中可能还伴随着 C₂S 和 C₃S₂ 的生成，有可能回吸 SiO₂ 转变为 α-CS。在该配合比中 $\Delta G^{\ominus}_{C_3S}(T)$ 最大，生成的可能性很小。

4.2.1.2　α-CS 矿物的煅烧

将 CaCO₃ 与 SiO₂ 按照物质的量比 1∶1 称量，加水混匀，在 6~8 MPa 压力下制备成底

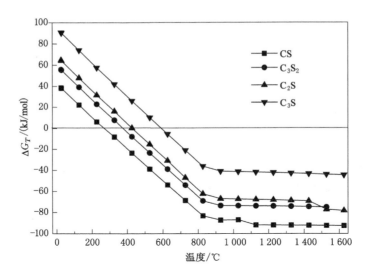

图 4-2　$CaCO_3$ 与 SiO_2 物质的量比为 1∶1 时各矿物的吉布斯自由能

面直径 $d=50$ mm、高 8～10 mm 的圆柱体生料片，放在 105 ℃烘干箱中充分干燥。对烘干生料进行热分析，如图 4-3 所示。

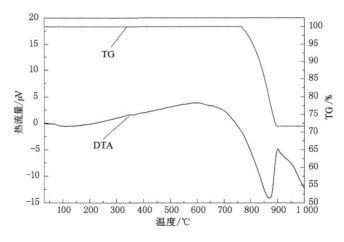

图 4-3　生料的 TG、DTA 曲线

由图 4-3 可知：生料失重集中在 800～900 ℃，因此煅烧时在 900 ℃保温 30 min，使 $CaCO_3$ 充分分解。基于目标矿物的形成温度为 1 125 ℃，因此，矿物煅烧温度设计在 1 150～1 550 ℃之间，以 50 ℃为梯度，分组煅烧，炉温达到设定温度后不保温，取出样品快速冷却（冷却速度大于等于 500 ℃/min）至室温。将得到的熟料研磨进行 XRD 测试，进行 Rietveld 法定量分析，如图 4-4 所示。

因为 α-CS 在 1 125 ℃才会形成，因此煅烧温度从 1 150 ℃开始。由图 4-4 可以看出：在煅烧 α-CS 矿物时，经高温煅烧后，$CaCO_3$ 分解为 f-CaO 与 CO_2，f-CaO 与 SiO_2 反应最终生成 α-CS 矿物，但是煅烧过程中还有中间产物 C_2S（包括 β 型 C_2S 和 γ 型 C_2S，下文中用 C_2S

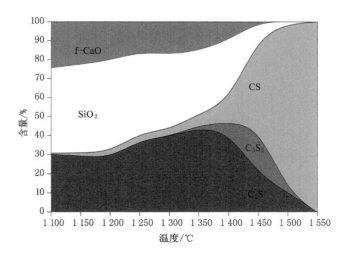

图 4-4　各物质含量随煅烧温度的变化

表示)与 C_3S_2 矿物的存在。

整个升温过程中,发生了如下反应:

$$CaO + SiO_2 \longrightarrow \alpha\text{-}CS \tag{4-10}$$

$$2CaO + SiO_2 \longrightarrow C_2S \tag{4-11}$$

$$3CaO + 2SiO_2 \longrightarrow C_3S_2 \tag{4-12}$$

1 350 ℃之后,α-CS 与 C_3S_2 含量继续增加,C_2S 减少较快,存在两种情况:

$$C_2S + SiO_2 \longrightarrow 2\alpha\text{-}CS \tag{4-13}$$

$$3C_2S + SiO_2 \longrightarrow 2C_3S_2 \tag{4-14}$$

1 450 ℃之后,α-CS 含量继续增加,f-CaO 完全反应,C_3S_2 与 C_2S 含量均减少,但是 C_2S 的减少速度有所缓解,主要是因为温度过高,不一致熔融矿物 C_3S_2 分解,该阶段发生了如下反应:

$$C_3S_2 \longrightarrow \alpha\text{-}CS + C_2S \tag{4-15}$$

$$C_2S + SiO_2 \longrightarrow 2\alpha\text{-}CS \tag{4-16}$$

1 500 ℃之后 C_3S_2 先于 C_2S 完全反应,剩下 C_2S 继续反应,最终完全生成 α-CS。在整个升温反应过程中 α-CS 矿物含量不断增加,C_2S 与 C_3S_2 是形成 α-CS 过程中不稳定的中间产物。

接着将生料在 1 200～1 550 ℃之间煅烧,以 50 ℃为梯度,每个煅烧温度设置 5 个保温时间,分别为 0 h、1 h、2 h、3 h 和 4 h,煅烧结束后快速冷却。对每组煅烧样品进行分析测试,得到 α-CS、C_2S 和 C_3S_2 的含量随保温时间变化规律如图 4-5(a)、图 4-5(b)、图 4-5(c)所示,对各矿物在该保温时间段内的反应速率进行了计算,如图 4-5(d)所示。

由图 4-5(a)、图 4-5(b)、图 4-5(c)可以看出:不同煅烧温度时 α-CS 的含量随保温时间的增加而增加,呈增加趋势;C_2S 的含量整体随保温时间趋于平稳或者下降;1 350 ℃之前 C_3S_2 含量随保温时间增加而增加,1 350 ℃之后呈下降趋势。由图 4-5(d)可知:不同温度煅烧时,α-CS 的反应速率始终是 3 种矿物中最快的,C_2S 在 1 350～1 400 ℃之间反应速率小于 C_3S_2,此外反应速率均大于 C_3S_2。

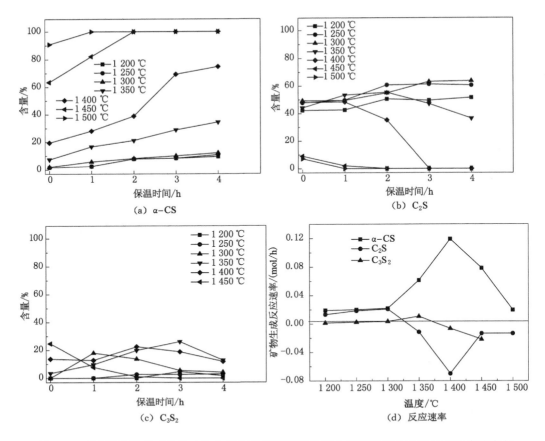

图 4-5 不同煅烧温度时各种矿物含量与保温时间的关系曲线以及各种矿物生成反应速率与温度的关系曲线

在不同温度段,α-CS 的吉布斯自由能均为最小值,煅烧过程中 α-CS 矿物含量不断增大。在 1 480 ℃附近,$\Delta G^{\ominus}_{C_3S_2}(T)$ 与 $\Delta G^{\ominus}_{C_2S}(T)$ 相对大小的变化对应了 C_2S 的转融和 C_3S_2 的高温分解。煅烧时分解温度低于计算温度,主要是因为原料纯度不高和煅烧设备带来的误差,降低了煅烧温度。因此,煅烧试验结果整体上与理论计算是一致的。

4.2.1.3 α-CS 矿物的形成规律

为了明确 α-CS 矿物含量与煅烧温度和保温时间的关系,绘制了 α-CS 矿物含量与煅烧温度和保温时间的等值线图,如图 4-6 所示。

由图 4-6 可以看出:在 1 350 ℃之前,等值线分布稀疏,说明 α-CS 矿物在这个温度段煅烧,即使保温时间较长,含量也不会增长很多,因此,煅烧温度低于 1 350 ℃时通过保温制备 α-CS 矿物比较困难。等值线在 1 350～1 450 ℃之间分布密集,说明该温度段生成 α-CS 矿物含量变化较大。横向来看,提高煅烧温度可以快速增加 α-CS 矿物含量;纵向来看,随着保温时间的增加,α-CS 矿物含量也有较快增加。1 450 ℃之后,等值线分布疏松,基本在该温度 1 h 或者更短时间内就可以煅烧出较纯的 α-CS 矿物。整体来说,煅烧温度对 α-CS 矿物的形成影响较大,只有在一定的温度段内,保温时间对矿物含量增加的影响比较明显。相对较低的温度与合适的保温时间相结合(例如在 1 450 ℃保温 2 h),既可以减少升温能耗,又

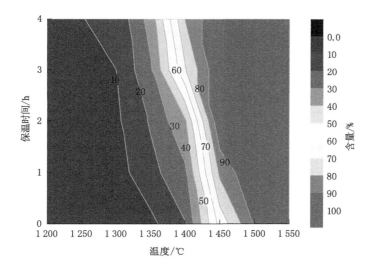

图 4-6　α-CS 矿物含量与煅烧温度和保温时间的关系

可以缩短制备周期,且能制备纯度较高的 α-CS 矿物。

4.2.2　C₃S₂ 矿物的烧成热力学

4.2.2.1　C₃S₂ 吉布斯自由能的计算

$CaCO_3$ 与 SiO_2 物质的量比为 3:2 时,高温煅烧时可能发生以下反应:

$$2CaCO_3 + 2SiO_2 \longrightarrow 2CS + 2CO_2 \tag{4-17}$$

$$3CaCO_3 + 2SiO_2 \longrightarrow C_3S_2 + 3CO_2 \tag{4-18}$$

$$3CaCO_3 + \frac{3}{2}SiO_2 \longrightarrow \frac{3}{2}C_2S + 3CO_2 \tag{4-19}$$

$$3CaCO_3 + SiO_2 \longrightarrow C_3S + 3CO_2 \tag{4-20}$$

825 ℃ 之后碳酸钙分解为 CaO 和 CO_2,CO_2 挥发,不再参与反应,该温度之后反应变化如下:

$$2CaO + 2SiO_2 \longrightarrow 2CS \tag{4-21}$$

$$3CaO + 2SiO_2 \longrightarrow C_3S_2 \tag{4-22}$$

$$3CaO + \frac{3}{2}SiO_2 \longrightarrow \frac{3}{2}C_2S \tag{4-23}$$

$$3CaO + SiO_2 \longrightarrow C_3S \tag{4-24}$$

同样按照式(3-1)计算了不同温度时每个反应形成矿物的吉布斯自由能,使用的原始数据来自《实用无机物热力学数据手册》[57],结果如图 4-7 所示。

由图 4-7 可以看出:反应生成各种硅酸钙的吉布斯自由能的大小顺序为:(1) 在 1 480 ℃ 之前,$\Delta G^{\ominus}_{C_3S}(T) > \Delta G^{\ominus}_{CS}(T) > \Delta G^{\ominus}_{C_2S}(T) > \Delta G^{\ominus}_{C_3S_2}(T)$;(2) 在 1 480 ℃ 之后,$\Delta G^{\ominus}_{C_3S}(T) > \Delta G^{\ominus}_{CS}(T) > \Delta G^{\ominus}_{C_3S_2}(T) > \Delta G^{\ominus}_{C_2S}(T)$。从热力学角度来看,具有最小 ΔG 值所产生的化合物是最稳定的。在 1 480 ℃ 之前,该配合比中 $\Delta G^{\ominus}_{C_3S_2}(T)$ 最小,因此最终且最稳定的反应产物是 C_3S_2 矿物。在 1 480 ℃ 之后,该配合比中 $\Delta G^{\ominus}_{C_2S}(T)$ 最小,C_3S_2 矿物分解为 C_2S。

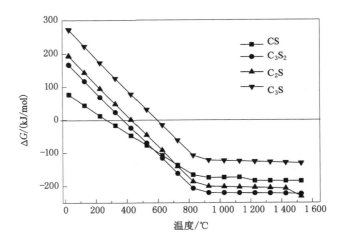

图 4-7　不同煅烧温度时各矿物的吉布斯自由能

4.2.2.2　C_3S_2 矿物的煅烧

C_3S_2 生料制备过程与 α-CS 生料制备过程相同。根据 α-CS 煅烧过程中 C_3S_2 出现的温度段,设置煅烧温度为 $1\,350 \sim 1\,500$ ℃,以 50 ℃ 为梯度,进行煅烧。由于 $1\,500$ ℃ 时熟料熔化,因此最高温度改为 $1\,470$ ℃。将不同温度时煅烧生成的熟料研磨,分别进行 XRD 测试,结果如图 4-8 所示。

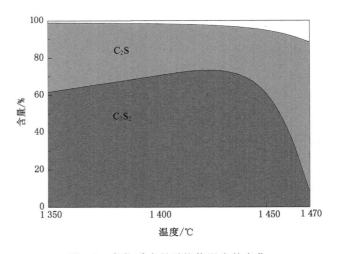

图 4-8　各物质含量随煅烧温度的变化

由图 4-8 可以看出:在煅烧 C_3S_2 矿物时,C_3S_2 与 C_2S 均有生成,主要发生了如下反应:

$$2CaO + SiO_2 \longrightarrow C_2S \tag{4-25}$$

$$3CaO + 2SiO_2 \longrightarrow C_3S_2 \tag{4-26}$$

$1\,350$ ℃ 之后,C_3S_2 含量逐渐增加,C_2S 含量逐渐减少,存在两种情况:

$$3CaO + 2SiO_2 \longrightarrow C_3S_2 \tag{4-27}$$

$$3C_2S + SiO_2 \longrightarrow 2C_3S_2 \tag{4-28}$$

1 450 ℃之后,C_3S_2 含量减少,C_2S 含量增加,C_3S_2 发生分解,该阶段发生了如下反应:

$$2C_3S_2 \longrightarrow SiO_2 + 3C_2S \tag{4-29}$$

由以上结果可以判断:煅烧 C_3S_2 时,温度过高和温度过低都不利于其形成,不能单纯通过升温煅烧出高纯度的 C_3S_2。因此根据图 4-8,对 C_3S_2 含量较高的温度段进一步细化煅烧温度,在 1 400~1 450 ℃之间以 10 ℃为梯度进行煅烧。煅烧后的熟料快速冷却,进行 XRD测试,结果如图 4-9 所示。

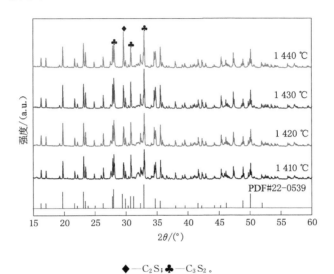

$\blacklozenge$—C_2S;$\clubsuit$—C_3S_2。

图 4-9　不同煅烧温度时形成的 C_3S_2 矿物的 XRD 图谱

由图 4-9 可以看出:C_3S_2 特征衍射峰在 1 410 ℃之后衍射强度一直增大,在 1 430 ℃达到最大。因此确定 1 430 ℃为 C_3S_2 的最佳烧成温度。在 1 430 ℃进行不同保温时间煅烧,结果如图 4-10 所示。

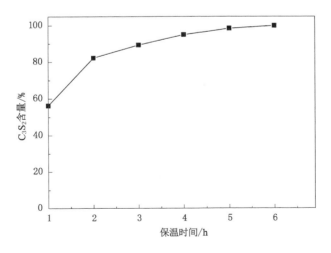

图 4-10　C_3S_2 含量与保温时间的关系曲线

由图 4-10 可以看出：不同煅烧温度时 C_3S_2 的含量随保温时间的增加而增大，保温 6 h 可以得到高纯度 C_3S_2。

不同温度段 C_3S_2 的吉布斯自由能并不是一直最小，在 1 480 ℃ 附近，$\Delta G^\ominus_{C_3S_2}(T)$ 与 $\Delta G^\ominus_{C_2S}(T)$ 相对大小发生了转变，对应了 C_2S 的转熔和 C_3S_2 的分解。煅烧结果表明：不能通过单纯升温煅烧出高纯度的 C_3S_2，在最佳煅烧温度保温煅烧可以生成高纯度 C_3S_2。因此，煅烧试验结果整体上与理论计算一致。

4.3 C_3S_2-CS 型低钙胶凝材料的制备

4.3.1 相图理论分析

制备以 C_3S_2 和 α-CS 为主要成分的低钙胶凝材料，考虑到原材料主要成分为 CaO、SiO_2、Al_2O_3、Fe_2O_3 等，因此在 CaO-SiO_2-Al_2O_3 三元相图中，胶凝材料落在 C_3S_2、CS、C_2AS 组成的副三角形中（图 4-11），在 CaO-Fe_2O_3-SiO_2 三元相图中，落在 C_3S_2、CS、Fe_2O_3 组成的副三角形中（图 4-12）。

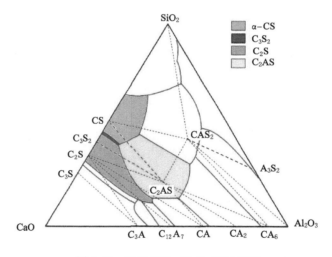

图 4-11　CaO-SiO_2-Al_2O_3 三元相图

将该胶凝材料还原到 CaO-SiO_2-Al_2O_3-Fe_2O_3 四元相图中，低钙胶凝材料落在由 C_3S_2、α-CS、C_2AS、Fe_2O_3 组成的小四面体中（图 4-13）。

在该三角形的 4 个顶点物质中，C_3S_2、α-CS 和 C_2AS 属于硅酸盐，Fe_2O_3 单独存在，不与其他几种氧化物反应。因此需要对 C_3S_2、α-CS 和 C_2AS 进行研究，C_3S_2-CS-C_2AS 三角形矿物的初晶区如图 4-14 所示。

4.3.2 矿物组成优化

该低钙胶凝材料的性能与所包含矿物的含量有关，因此需要探索 C_3S_2、α-CS 和 C_2AS 3 种矿物的组成与胶凝材料煅烧温度和力学性能之间的关系。

由低钙胶凝材料组成的组合可以有很多种，每一种都试验不容易实现，因此需要选择一种

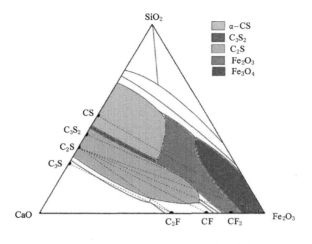

图 4-12　CaO-SiO₂-Fe₂O₃ 三元相图[58]

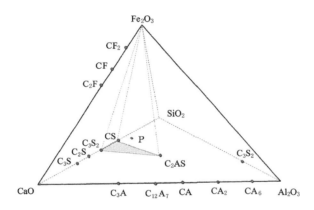

图 4-13　CaO-SiO₂-Al₂O₃-Fe₂O₃ 四元相图

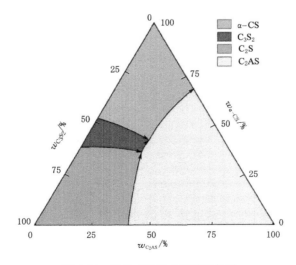

图 4-14　C₃S₂-CS-C₂AS 副三角形

合适的试验方法,既能减少工作量,又能得到准确结果。单纯形重心设计法可以通过较少的试验量定量评价多组分混合物的性能,当试验对象中有 n 个组分时,需要进行 2^n-1 组试验。以3组分来说,需要进行7组试验,分别选取三角形顶点、三边中点和中心点作为试验数据点,得到每个数据点的性能参数,最后采用软件在三角形坐标体系内得到三角形等值线图。

史才军等[59]采用单纯形重心设计法建立了混凝土性能与胶凝材料组成之间的关系式。单纯形重心设计法可以用来定量评价和预测三元胶凝体系混凝土的强度[60-62]。另外,C. J. Shi 等[63]还采用单纯形重心设计法准确预测蒸压养护条件下钢包渣-熟石灰-石英粉三元胶凝体系的最佳组成。基于此,本试验采用单纯形重心设计法对低钙胶凝材料最佳组成进行预测。本试验有3种矿物,选取7种不同矿物组合,如图4-15所示,生料配合比见表4-1。

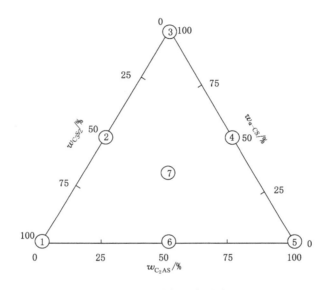

图 4-15　矿物组合设计

表 4-1　低钙胶凝材料生料配合比　　　　单位:%

编号	CaCO₃	SiO₂	Al₂O₃
1	71.43	28.57	0
2	67.09	32.91	0
3	62.5	37.5	0
4	58.88	27.04	14.08
5	55.25	16.57	28.18
6	63.34	22.57	14.09
7	63.06	27.55	9.39

4.3.2.1　低钙胶凝材料的矿物组成和煅烧温度

煅烧温度是胶凝材料生产的重要技术指标,适当降低煅烧温度可以减少能源消耗,因此需要确定胶凝材料矿物组成与烧成温度的关系。在煅烧7组胶凝材料熟料时,第1组和第3组采用前面的试验结果,不再重复。剩余5组根据胶凝材料的生料组成,使用化学试剂进行配料,与制备单矿的方法相同。对干燥的生料片从 1 250 ℃开始,以 10 ℃为梯度进行升温煅烧。对煅烧结果进行测试分析,根据测试结果得到低钙胶凝材料矿物组成与烧成温度的等值线图如图 4-16 所示。

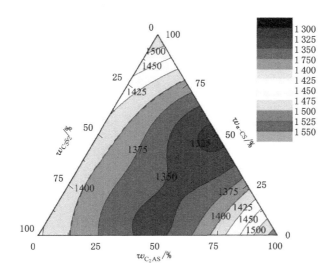

图 4-16　低钙胶凝材料矿物组成与烧成温度

从图 4-16 中可以看出三角形 3 个顶点的烧成温度明显比中间的高,说明单独煅烧其中一种矿物要比煅烧 2 种或 3 种矿物的混合物需要的温度高,混合几种矿物一起煅烧可以降低烧成温度。Al_2O_3 作为溶剂型矿物可以降低烧成温度。

4.3.2.2　低钙胶凝材料的矿物组成与力学性能

将制备的 7 组熟料粉磨,按照水胶比为 0.1 加水混合均匀,4 MPa 挤压成型,进行碳化养护,CO_2 压力设置为 0.30 MPa。碳化 24 h 后测试抗压强度,每组测试 3 块取平均值。根据测试结果绘制胶凝材料矿物组成与抗压强度等值线图,如图 4-17 所示。

由图 4-17 可以看出:对 3 种矿物单独来说,α-CS 的抗压强度最高,C_3S_2 次之,C_2AS 几乎没有强度。整体来说,胶凝材料中 α-CS 含量高时,低钙胶凝材料力学性能好,C_2AS 含量越多,低钙胶凝材料力学性能越差。C_2AS 含量为 100% 时,低钙胶凝材料的性能最差,但是 α-CS 含量为 100% 时低钙胶凝材料的力学性能却不是最好的。

综合考虑煅烧温度(低于 1 400 ℃)、初晶区(避过 C_2S 相区)、力学性能(>90 MPa),以及非活性矿物 C_2AS 含量(<30%),对低钙胶凝材料组成进行初步确定,如图 4-18 所示。

由图 4-18 可以看出:黑色点线所围成的区域,α-CS 的含量在 38%～78% 之间,C_3S_2 的含量在 0%～49% 之间,C_2AS 的含量在 8%～27% 之间。

4.3.3　C₃S₂-CS 型低钙胶凝材料的配合比计算

该低钙胶凝材料不属于普通硅酸盐水泥体系,普通硅酸盐水泥的配料指标石灰饱和系数对该低钙胶凝材料已不再适用。铝酸盐水泥中,CA(CaO · Al_2O_3)、CA₂(CaO · 2Al_2O_3)和 C₁₂A₇(12CaO · 7Al_2O_3)均不是 CaO 最饱和状态,因为 C₃A(3CaO · Al_2O_3)是铝酸钙中

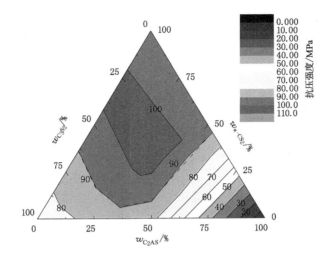

图 4-17　低钙胶凝矿物组成与抗压强度的等值线图

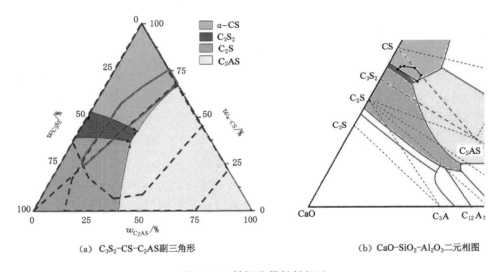

（a）C_3S_2-CS-C_2AS副三角形　　　　　　　（b）CaO-SiO_2-Al_2O_3二元相图

图 4-18　低钙胶凝材料相区

CaO 最饱和的矿物。本低钙胶凝材料中的硅酸钙 C_3S_2 和 α-CS 都不是 CaO 最饱和状态的矿物。因此，参考铝酸盐水泥的碱度系数，对本低钙胶凝材料进行配料约束。

（1）碱度系数（Cm）

该胶凝材料的主要组成为 C_3S_2、α-CS、C_2AS，在上一节中确认 C_2AS 含量较少，因此认为 Al_2O_3 完全形成 C_2AS，碱度系数为熟料中形成 C_3S_2 和 CS 的 CaO 含量与熟料中硅酸钙全部为 C_3S_2 时所需的 CaO 含量之比。

$$1\% Al_2O_3 \text{ 形成 } C_2AS \text{ 所需 } CaO = \frac{2n_{CaO}}{n_{Al_2O_3}} = \frac{2 \times 56.08}{101.96} = 1.10$$

$$1\% SiO_2 \text{ 形成 } C_3S_2 \text{ 所需 } CaO = \frac{3n_{CaO}}{2n_{SiO_2}} = \frac{3 \times 56.08}{2 \times 60.09} = 1.40$$

$$1\%\,Al_2O_3\ \text{形成}\ C_2AS\ \text{所需}\ SiO_2 = \frac{n_{SiO_2}}{n_{Al_2O_3}} = \frac{60.09}{101.96} = 0.59$$

C_3S_2 和 α-CS 中的 CaO 物质的量为 $n_{CaO} - 1.10 n_{Al_2O_3}$，熟料中硅酸钙全部为 C_3S_2 时所需的 CaO 物质的量为 $1.4(n_{SiO_2} - 0.59\, n_{Al_2O_3})$。

得到碱度系数公式为：

$$Cm = \frac{n_{CaO} - 1.10 n_{Al_2O_3}}{1.40 \times (n_{SiO_2} - 0.59 n_{Al_2O_3})} \tag{4-30}$$

Cm 值高，则 C_3S_2 多，Cm 值低，则 α-CS 多，胶凝材料强度高。

熟料中 C_3S_2 和 α-CS 所需的氧化钙含量与全部氧化硅理论上全部生成 C_3S_2 所需要的氧化钙含量的比值，也表示熟料中氧化硅被氧化钙饱和形成 C_3S_2 的程度。碱度系数小于 1 时有 α-CS 生成。

碱度系数与矿物组成的关系可用下式表示：

$$Cm = \frac{w_{C_3S_2} + 0.827\ 6 w_{CS}}{w_{C_3S_2} + 1.241\ 3 w_{CS}} \tag{4-31}$$

式中，$w_{C_3S_2}$，$w_{\alpha\text{-}CS}$ 分别为熟料中相应矿物的质量分数。

当 $w_{C_3S_2} = 0$ 时，Cm=0.667；当 $w_{\alpha\text{-}CS} = 0$ 时，Cm=1.00。因此，Cm 值介于 0.667～1。

根据上一节约束的低钙胶凝材料区域，可以得出碱度系数的取值范围：

$$0.670 \leqslant Cm \leqslant 0.798$$

（2）硅率

硅率表示熟料中 SiO_2 的质量分数与 Al_2O_3 和 Fe_2O_3 的质量分数之和的比值。

$$SM = \frac{w_{SiO_2}}{w_{Al_2O_3} + w_{Fe_2O_3}} \tag{4-32}$$

根据上一节约束的低钙胶凝材料区域，可以得出硅率的取值范围：

$$3.870 \leqslant SM \leqslant 14.417$$

已知熟料的化学组成，根据物料平衡列出熟料化学组成与矿物组成的关系式，即可得到矿物组成的计算公式：

$$w_{C_3S_2} = 5.14 w_C - 4.8 w_S - 2.83 w_A \tag{4-33}$$

$$w_{\alpha\text{-}CS} = 5.82 w_S + 1.15 w_A - 4.16 w_C \tag{4-34}$$

$$w_{C_2AS} = 2.69 w_A \tag{4-35}$$

4.3.4　C_3S_2-CS 型低钙胶凝材料的煅烧

制备低钙胶凝材料所使用的工业原料为焦作市坚固水泥有限公司提供的石灰石和砂岩，工业原料的化学成分见表 4-2。

表 4-2　工业原料的化学成分（质量分数）　　　　　　　　　　单位：%

	失重率	SiO_2	Al_2O_3	Fe_2O_3	CaO	MgO
石灰石	41.62	3.71	1.54	0.48	50.94	1.71
砂岩	1.01	87.64	2.32	7.17	1.44	0.42
铁矿石	14.02	32.21	21.87	26.48	4.58	0.84

根据天然矿石原料的化学成分进行低钙胶凝材料的生料配料计算。在上一节中确定了率值的取值范围,以及熟料氧化物与矿物含量之间的转换关系,选取表4-3所示不同率值,验证率值在工业原料中的适应性,采用累加试凑法进行配料。根据低钙胶凝材料设定率值和原料的化学成分分析,利用 Excel 的规划求解,来确定各组生料的原料用量。生料配合比见表4-3。

表 4-3　低钙胶凝材料生料配合比

编号	$w_{石灰石}$/%	$w_{砂岩}$/%	$w_{铁渣}$/%	率值	
				Cm	SM
IM1	63	34	3	0.70	5.561
IM2	64.5	35.5	0	0.73	7.139
IM3	66.3	33.7	0	0.78	7.017

将制备的各组生料进行升温煅烧,在 900 ℃保温 30 min,使原料中的碳酸钙充分分解,然后分别快速升温至 1 250 ℃、1 300 ℃和 1 350 ℃,保温 2 h,然后快速冷却到室温。根据煅烧结果确定低钙胶凝材料的烧成温度,不同煅烧温度的熟料形貌如图4-19所示。

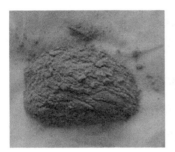 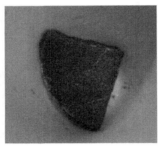 

(a) 1 250 ℃　　　　　(b) 1 300 ℃　　　　　(c) 1 350 ℃

图 4-19　不同煅烧温度时低钙胶凝材料的形貌图

由图4-19可以看出:1 250 ℃时胶凝材料快速冷却后粉化,因为煅烧温度低,没有形成目标矿物。1 350 ℃时熟料表面液相量过多,黏结在高温炉的耐火砖上,这种情况在工业生产中容易在回转窑中结圈。1 300 ℃时熟料形成致密的褐色块体,对其进行 XRD 测试,结果如图4-20所示,并对测试结果进行 Rietveld 法定量分析,理论与实际矿物含量见表4-4。

表 4-4　低钙胶凝材料矿物含量　　　　　单位:%

	编号	$w_{\alpha-CS}$	$w_{C_3S_2}$	w_{C_2AS}	总计
理论值	IM1	73.15	3.51	20.97	97.63
	IM2	70.58	8.97	16.50	96.05
	IM3	54.50	25.50	16.22	96.22
实际值	IM1	70.95	3.25	21.42	95.62
	IM2	63.92	14.17	17.31	95.40
	IM3	50.99	26.38	17.04	94.41

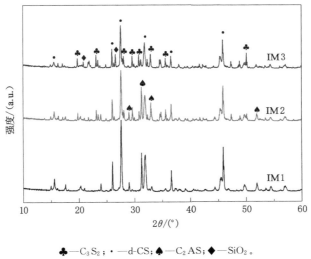

♣—C₃S₂；·—d-CS；♠—C₂AS；◆—SiO₂。

图 4-20　低钙胶凝材料 1 300 ℃煅烧时的 XRD 图

在设计配料时,从 IM1 至 IM3,C₃S₂ 的饱和度越来越高。由图 4-20 可以看出:1 300 ℃煅烧时 C₃S₂ 的衍射峰强度随碱度系数(Cm)的增大而增大,同时 α-CS 的衍射峰强度随之减弱。

Rietveld 法物相定量分析成分含量误差在±10%以内。由表 4-4 可以看出:熟料中各种矿物的实际试验值与理论设计值一致。1 300 ℃煅烧的结果既符合材料设计的结果,又在生产中容易实现,因此判断最佳烧成温度为 1 300 ℃。同时说明设计的生料配料指标指导生产可行。

4.4　C₃S₂-CS 型低钙胶凝材料的碳化硬化性能

4.4.1　抗压强度

对制备的 3 组胶凝材料(IM1、IM2、IM3)进行碳化硬化性能测试。分别对 3 组胶凝材料粉磨,按水胶比为 0.1 加水混合,使用 TYE-300B 型压力试验机,在 4 MPa 压力下制备 20 mm×20 mm×20 mm 的试块,保压 1 min。将各组试块置于 CO₂ 压力为 0.30 MPa 的反应釜中养护,养护温度为室温,养护时间分别为 0 h、8 h、24 h。各组胶凝材料的抗压强度随碳化时间的发展如图 4-21 所示。

由图 4-21 可以看出:该胶凝材料的抗压强度随碳化时间的增加而增大,试块碳化 8 h 的抗压强度均超过 60.0 MPa,超过了普通硅酸盐水泥净浆 28 d 的抗压强度,说明该胶凝材料通过碳化反应,硬化速度快,所需养护周期短。试块碳化 24 h 的抗压强度均超过 80.0 MPa。

选择 IM2 组胶凝材料,水胶比为 0.1,成型压力为 4 MPa,延长碳化时间至 72 h,观察抗压强度的发展,结果如图 4-22 所示。

由图 4-22 可以看出:胶凝材料在碳化 24 h 之后,继续碳化,抗压强度仍然有较大的增长空间。与碳化 24 h 试块的强度相比,碳化 48 h 后强度增长 13.2%,碳化 72 h 后强度增长

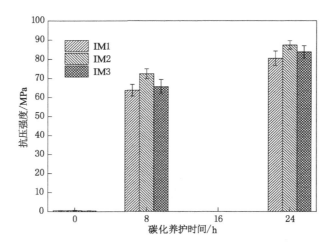

图 4-21　不同碳化养护时间时的试块抗压强度

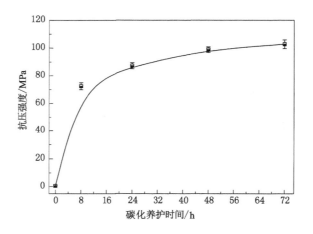

图 4-22　试块抗压强度随碳化养护时间增加的增长曲线

17.7%。且在碳化 72 h 之后强度达到 102.7 MPa。观察抗压强度发展趋势，可以发现强度在碳化 72 h 之后仍然有增长空间。在生产过程中可以根据使用强度需求选择不同的碳化时间。

4.4.2　碳化产物分析

对 IM2 组不同碳化时间的试样进行 XRD 测试，结果如图 4-23 所示。

由图 4-23 可以看出：C_2AS 衍射强度不随碳化时间改变，说明 C_2AS 没有碳化活性。随着碳化时间的增加，α-CS 和 C_3S_2 的衍射峰减弱，碳酸钙的衍射峰强度逐渐增大，出现了方解石型和球霰石型碳酸钙。球霰石型碳酸钙衍射峰较强，说明碳酸钙以球霰石晶型为主。因为之前对 α-CS 和 C_3S_2 进行碳化试验时，碳化产物碳酸钙均以方解石型碳酸钙为主，且该胶凝材料中的 C_2AS 不发生碳化反应。为了量化两种晶型碳酸钙含量，对不同碳化时间样品的 XRD 测试结果进行 Rietveld 法定量分析，结果见表 4-5。

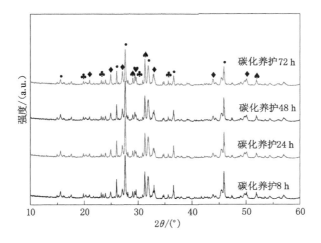

♣—C₃S₂；·—α-CS；♠—C₂AS；♥—方解石；◆—球霰石。

图 4-23　低钙胶凝材料碳化不同时间的 XRD 图

表 4-5　通过 Rietveld 法定量分析低钙熟料矿物含量(质量分数)　　　单位：%

碳化时间/h	相组成					
	球霰石	方解石	α-CS	C₃S₂	C₂AS	总计
8	20.4	4.6	44.2	13.4	16.3	98.9
24	24.9	5	41.5	11.9	16	99.3
48	25.9	6	39.4	11.3	16.3	98.9
72	26.1	6.6	39.1	11.1	16.2	99.1

由表 4-5 可以看出：碳化产物碳酸钙中球霰石含量多于方解石，C₂AS 含量基本不变。因为 S. H. Liu 等[64]报道了碳化过程中熟料中的钠离子会促进球霰石型碳酸钙的形成，以稳定的形式存在，且能明显降低矿物碳化程度。考虑到之前使用化学试剂制备的 α-CS 和 C₃S₂ 中几乎没有杂质离子，而工业原料中通常含有一些钠、钾等碱金属离子，因此判断碳化产物 CaCO₃ 晶型的改变和原料中含有钠离子有关。

4.4.3　热分析

对碳化 72 h 的试样进行热分析，并与方解石进行对比，结果如图 4-24 所示。

由图 4-24 可以看出：相对于方解石来说，碳化试样的 DTA 曲线出现较大偏移，放热峰出现的温度更低，宽而弥散，且对应的 TG 曲线因连续失重而走低。因为球霰石型碳酸钙与方解石型碳酸钙相比，分解温度低，可以判断吸热峰出现时的温度较低，是因为球霰石型碳酸钙分解吸热，且失重率较大，验证了 XRD 测试中出现了较多的球霰石型碳酸钙。

4.4.4　非晶态产物分析

利用傅立叶红外变换光谱仪对低钙熟料和碳化养护 72 h 的试样进行测试，结果如图 4-25 所示。

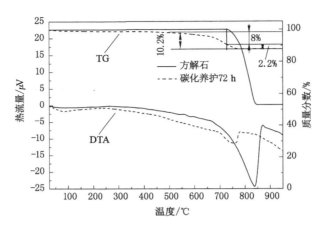

图 4-24　碳化试块和方解石的 TG 与 DTA 曲线

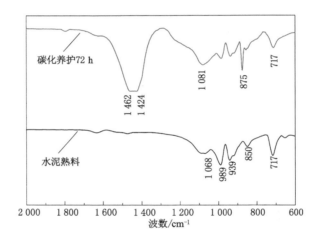

图 4-25　碳化前、后熟料的 FTIR 图谱

由图 4-25 可以看出：与未碳化试样相比，碳化样品在 875 cm^{-1}、1 424～1 462 cm^{-1} 和 1 081～1 228 cm^{-1} 区域发现了新的振动带。875 cm^{-1} 和 1 424～1462 cm^{-1} 分别对应于 CaCO$_3$ 中 C—O 键的平面外弯曲振动(v^2)和不对称伸缩振动(v^3)。与未碳化试样相比，试样碳化养护 72 h 试样中的 Si—O 键的不对称伸缩振动吸收峰(v^3)转变到更高的波数(1 081～1 228 cm^{-1})，表明该基团的聚合度增大，说明低钙胶凝材料碳化养护后生成了较高聚合度的非晶态 SiO$_2$。

4.4.5　微观形貌

采用扫描电子镜观察碳化后试块的微观形貌，使用能谱仪对碳化后试块进行元素分析，结果如图 4-26 所示。

由图 4-26(a)可以看出：碳化后试样存在不同形貌的物质，碳化产物包裹在未碳化完全的颗粒周围。从颗粒中心向外 10 μm 进行线扫描，能谱图如图 4-26(b)所示。由图 4-26(b)可以看出：从距离初始点 4 μm 开始，钙、硅、氧元素含量下降，碳元素没有明显变化；从 5 μm

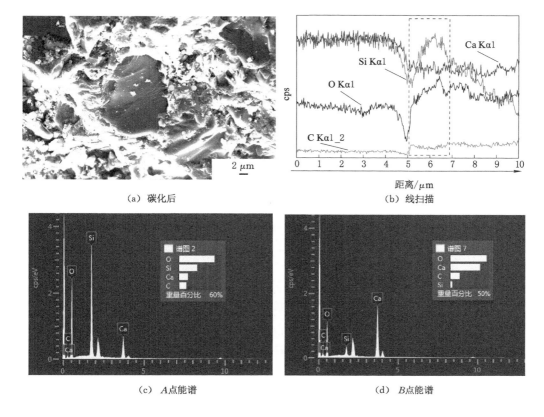

图 4-26　胶凝材料碳化后的 SEM 和 EDS 谱

到 6 μm,硅元素、氧元素含量明显上升,碳元素、氧元素含量基本不变,说明此处富集了硅、氧含量高的物质;6 μm 之后硅元素含量一直下降,氧元素含量下降一段距离后不再变化,说明此处物质中硅含量较少。说明熟料的碳化产物并不是碳酸钙与非晶态 SiO_2 的均匀混合。对线扫描约 6 μm 处(A 点)以及末端处(B 点)进行点扫描,能谱图如图 4-26(c)和图 4-26(d)所示。由 A 点与 B 点的元素组成可以判断 A 点处主要物质是非晶态的 SiO_2,B 点处主要物质是碳酸钙。结合线扫描与点扫描,说明碳化反应后原颗粒中心、表层及外部存在矿物分层现象,碳化产物并不是简单混合在一起。颗粒中心与第一层产物之间有一条约 0.5 μm 宽的过渡层,之后是硅、氧含量较高的产物层,非晶态的 SiO_2 含量较高,最外面是硅含量较低的产物层,碳酸钙含量较高。

4.5　本章小节

(1) 当 $CaCO_3$ 与 SiO_2 物质的量比为 1:1 时,根据热力学定律计算了不同温度时 C_3S、C_2S、C_3S_2 和 CS 4 种矿物的生成吉布斯自由能,并据此对各矿物稳定性进行判断;在升温煅烧 α-CS 矿物过程中伴随着 C_2S 和 C_3S_2 的生成,最终产物为 α-CS。不同温度阶段矿物形成趋势与热力学计算结果一致。煅烧过程中,煅烧温度对 α-CS 形成的影响较大,可以在 1 450 ℃ 保温 2 h 制备纯度较高的 α-CS。当 $CaCO_3$ 与 SiO_2 物质的量比为 3:2 时,根据热力学定律

计算了不同温度时 C_3S、C_2S、C_3S_2 和 CS 4 种矿物的生成吉布斯自由能,并据此对各矿物稳定性进行了判断;在升温煅烧 C_3S_2 矿物的过程中伴随着 C_3S_2 的生成与分解,C_3S_2 最佳生成温度为 1 430 ℃,保温时间为 6 h。

(2)低钙胶凝材料碳化反应后,产物为方解石型和球霰石型碳酸钙 $CaCO_3$ 与非晶态 SiO_2。非晶态 SiO_2 集中分布在未碳化颗粒周围,$CaCO_3$ 包裹在最外层。

(3)综合考虑煅烧温度、力学性能,对胶凝材料的组成进行了确定。设计了胶凝材料的生料配合比指标,碱度系数(Cm)取值范围为:$0.681 \leqslant Cm \leqslant 0.798$。试验证明在设计的碱度系数范围内煅烧出了以 C_3S_2 和 α-CS 为主要矿物的胶凝材料,烧成温度为 1 300 ℃。制备了 20 mm×20 mm×20 mm 的试块,碳化 24 h 后抗压强度超过 80.0 MPa,力学性能优异。

第 5 章 工业废渣赤泥的碳化硬化性能及其制品

5.1 引言

赤泥是炼铝产生的碱性工业废渣,能与温室气体 CO_2 发生碳化反应[65]。利用加速碳化技术研究了赤泥碳化反应特性、反应动力学、反应过程和反应机理,提出了一种赤泥大体积综合利用新工艺。

5.2 原材料成分分析

5.2.1 化学组成和矿物组成分析

赤泥取自河南省焦作市中州铝业股份有限公司(以下简称中铝),包括拜耳法赤泥和烧结法赤泥[66-67]。原状烧结法赤泥为黄色沙状,拜耳法赤泥为土黄色块状,表层都有大量泛碱,含水率为 $25\%\sim30\%$,浸出液 pH 值约为 12。其化学组成见表 5-1,矿物组成如图 5-1 和图 5-2 所示。相比拜耳法赤泥,烧结法赤泥 CaO 含量较高,CaO 主要存在于硅酸二钙矿物中。

表 5-1 赤泥的化学成分(质量分数) 单位:%

	失重率	SiO_2	Al_2O_3	Fe_2O_3	CaO	TiO_2	MgO	K_2O	Na_2O
烧结法	11.22	21.31	6.97	12.31	39.88	3.40	1.73	0.76	2.42
拜耳法	14.31	20.39	23.33	16.71	11.41	5.15	0.69	0.63	7.38

5.2.2 赤泥的物理、化学性能

赤泥经晾晒、烘干、粉磨后其粒径分布如图 5-3 所示。由图 5-3 可以看出:区间分布有 2 个峰,说明赤泥粒径不是单一粒径,但是综合来说,赤泥粒径较细,平均粒径为 10 μm,赤泥较易粉磨。

对粉状赤泥进行热分析,其 TG/DTA 热分析图谱如图 5-4 和图 5-5 所示。

由图 5-4 可以看出:拜耳法赤泥在 273 ℃和 678 ℃出现吸热峰并伴随失重,273 ℃吸热峰为三水铝石矿物脱水吸热所致,失重率为 5.7%;678 ℃吸热峰为碳酸钙分解释放二氧化碳气体所致,失重率为 4.0%。由图 5-5 可以看出:烧结法赤泥的 TG/DTA 图谱与拜耳法

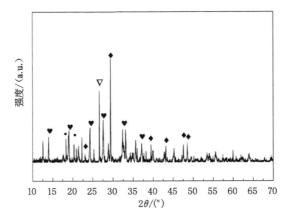

◆—方解石；▽—石英；♥—钙霞石；·—三水铝石；♣—硬水铝石。

图 5-1　拜耳法赤泥的 XRD 图谱

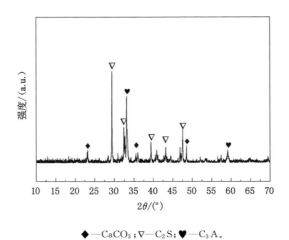

◆—$CaCO_3$；▽—C_2S；♥—C_3A。

图 5-2　烧结法赤泥的 XRD 图谱

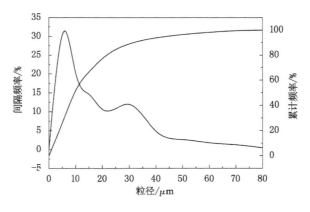

图 5-3　赤泥的粒径分布

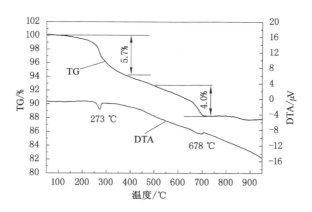

图 5-4　拜耳法赤泥的 TG/DTA 图谱

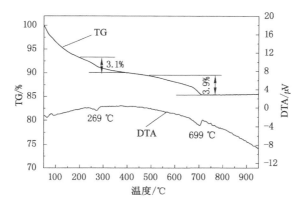

图 5-5　烧结法赤泥的 TG/DTA 图谱

赤泥类似,在 269 ℃ 和 699 ℃ 出现吸热峰,失重率分别为 3.1% 和 3.9%。相比拜耳法赤泥,烧结法赤泥三水铝石含量降低,这与赤泥的生产工艺有关。

对赤泥进行微观形貌分析,其 SEM 图谱如图 5-6 和图 5-7 所示。

图 5-6　拜耳法赤泥的 SEM 图谱

图 5-7　烧结法赤泥的 SEM 图谱

由图 5-6 可以看出：拜耳法赤泥碳化反应前多为片状颗粒堆积而成，颗粒之间有大量狭缝孔；由图 5-7 可以看出：烧结法赤泥多为团簇状颗粒堆积而成，颗粒轮廓不规则。

5.3　赤泥碳化试验设备研发

碳化反应简单来说就是活性钙质原料在合适水分条件下，与二氧化碳气体反应生成碳酸钙及其他反应产物的过程，碳化生成的反应产物填充在原颗粒孔隙之间，降低了基体孔隙率，并将基体胶结成一个整体，从而使碳化制品具有一定强度。但是实际上碳化反应是一个很复杂的过程，涉及一系列的溶解、电离和扩散过程。关于这一过程有多种解释，目前普遍采用气相-液相-固相反应理论，反应过程通过气相-液相-固相界面，主要在液相中完成。对于气相-液相-固相三相反应过程，CO_2 气体压力、反应温度、反应湿度等都会对反应过程产生影响。为了研究此过程的反应动力学和反应机理，需要对这些参数进行实时监控，基于以上分析设计了如图 5-8 所示试验反应装置。

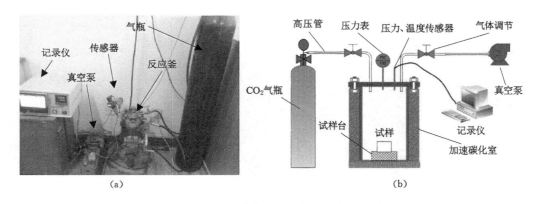

图 5-8　加速碳化反应釜实物图及示意图

该试验装置能不断采集反应釜内的温度、压力、湿度等参数，同时在计算机上能监测这些参数的变化趋势，如图 5-9 所示。此外，通过调节阀门可以精确控制反应釜内的 CO_2 压力和浓度，通过 PID 控制器能控制反应釜内的反应温度。

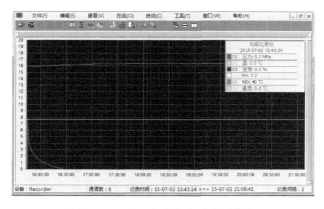

图 5-9　反应釜内参数实时监测曲线

5.4　赤泥碳化反应特性研究

5.4.1　赤泥种类对赤泥碳化固化量的影响

赤泥经过烘干粉磨后分别得到拜耳法赤泥和烧结法赤泥粉末,以上粉末加入 10％的自来水,分别搅拌均匀后放入碳化反应釜,室温条件下发生碳化反应。碳化过程中控制反应釜内 CO_2 分压为 0.3 MPa,碳化反应 24 h 后,测试拜耳法赤泥和烧结法赤泥的 CO_2 固化量,试验结果如图 5-10 所示。

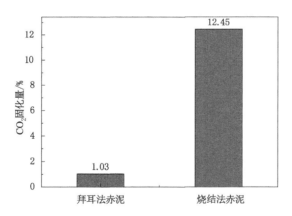

图 5-10　赤泥种类对固化量的影响

由图 5-10 可以看出:拜耳法赤泥 CO_2 固化量仅为 1.03％,而烧结法赤泥 CO_2 固化量高达 12.45％,说明相比拜耳法赤泥,烧结法赤泥具有较高的碳化反应活性及 CO_2 封存潜力。结合前面两种赤泥的化学成分和矿物成分分析,可能原因是烧结法赤泥含有大量的具有碳化反应的活性钙质矿物。

5.4.2 水固比对赤泥 CO_2 固化量的影响

水在赤泥与 CO_2 反应的过程中作用很大。采用烧结法赤泥粉末配制了不同水固比（4%～14%）的混合料，控制水灰比以外的其他碳化反应参数（室温、CO_2 分压 0.3 MPa、碳化反应时间 24 h），研究了水固比对烧结法赤泥 CO_2 固化量的影响，试验结果如图 5-11 所示。

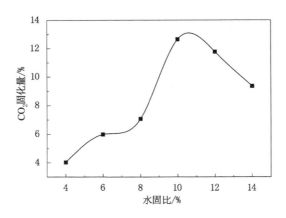

图 5-11　水固比对赤泥 CO_2 固化量的影响

由图 5-11 可以看出：随着水固比的增大，烧结法赤泥 CO_2 固化量先增大后减小（从 4.03% 增大到 12.65%，而后减小至 9.36%），在水固比为 10%～12% 时，烧结法赤泥具有较高的 CO_2 固化量，说明碳化反应过程是一个需要水介质参与的过程，CO_2 气体不直接与赤泥中矿物发生碳化反应，而是 CO_2 先溶于水，但是水太多不利于 CO_2 的扩散。

5.4.3 CO_2 分压对赤泥 CO_2 固化量的影响

5.4.3.1 CO_2 浓度对赤泥 CO_2 固化量的影响

由于不同工业烟气中 CO_2 浓度不同，所以要考虑不同 CO_2 浓度对赤泥 CO_2 固化量的影响。采用烧结法赤泥，固定水固比为 10%，室温条件下，碳化时间 24 h，研究了不同 CO_2 浓度和反应釜内总压力对烧结法赤泥 CO_2 固化量的影响，试验结果如图 5-12 所示。

由图 5-12 可以看出：当反应釜内总压力很小时（小于 0.05 MPa），即使 CO_2 浓度为 100%，烧结法赤泥 CO_2 固化量很小（小于 2%）；同样，当 CO_2 浓度很低时（小于 5%），即使反应釜内压力为 0.8 MPa，CO_2 固化量很小（小于 2%）。但是，随着反应釜内总压和 CO_2 浓度同时提高，CO_2 固化量显著得到提高。此外，当反应釜内总压和 CO_2 浓度达到一定值之后，CO_2 固化量不再增加。以上说明直接影响赤泥 CO_2 固化量的是 CO_2 气体分压。

5.4.3.2 CO_2 气体分压对赤泥 CO_2 固化量的影响

赤泥 CO_2 固化量随 CO_2 气体分压的变化趋势如图 5-13 所示。随着 CO_2 气体分压的增大，在一定碳化反应时间内（24 h），CO_2 固化量增加。CO_2 分压小于 0.3 MPa 时，CO_2 固化量增幅较大；CO_2 分压大于 0.3 MPa 之后，CO_2 固化量增幅大大降低。分析其可能原因是：当 CO_2 分压小于 0.3 MPa 时，赤泥碳化反应过程受 CO_2 溶解电离平衡控制；但是当 CO_2 分压大于 0.3 MPa 时，赤泥碳化反应过程受反应物的扩散速率控制。

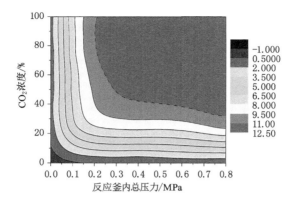

图 5-12　CO_2 浓度对赤泥 CO_2 固化量的影响

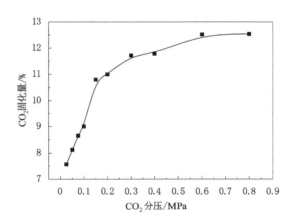

图 5-13　CO_2 分压对赤泥 CO_2 固化量的影响

5.4.3.3　CO_2 气体分压影响赤泥 CO_2 固化量的机理

由亨利定律可知:在等温、等压条件下,气体在溶液中的溶解度与溶液上方该气体的平衡压力成正比。CO_2 气体溶于水生成碳酸,其反应方程式如下:

$$CO_2 + H_2O \Longrightarrow H_2CO_3 \qquad\qquad (5\text{-}1)$$

同时碳酸是一种二元弱酸,在水溶液中会发生电离,碳酸在水中的电离分为两步,电离平衡及平衡常数如下:

$$H_2CO_3 \Longrightarrow HCO_3^- + H^+ \qquad\qquad (5\text{-}2)$$

$$K_{a1} = 2.5 \times 10^{-4}; pK_{a1} = 3.6(25\ ℃)$$

$$K_{a1} = \frac{[n_{H^+}][n_{HCO_3^-}]}{n_{H_2CO_3}} \qquad\qquad (5\text{-}3)$$

$$HCO_3^- \Longrightarrow CO_3^{2-} + H^+$$

$$K_{a2} = 4.69 \times 10^{-11}; pK_{a2} = 10.329(25\ ℃)$$

$$K_{a2} = \frac{[n_{H^+}][n_{CO_3^{2-}}]}{n_{HCO_3^-}} \qquad\qquad (5\text{-}4)$$

当温度一定时,水溶液的 pH 值只与 CO_2 分压有关,故在室温条件下测试了水溶液的 pH 值随 CO_2 分压的变化规律,水为去离子水,试验结果如图 5-14 所示。

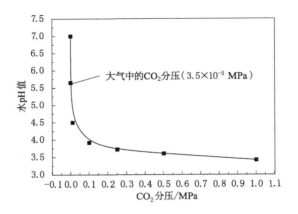

图 5-14　CO_2 分压对水 pH 值的影响

由图 5-14 可以看出:当 CO_2 分压较小时(约等于 0),水中溶解的 CO_2 很少,溶液 pH 值接近 7.0;随着气体分压的提高(约 0.1 MPa),CO_2 溶解度大幅增加,pH 值急剧下降(从 7 降到 4);当 CO_2 分压大于 0.3 MPa 时,溶液溶解的 CO_2 达到饱和,pH 值趋于稳定。

以上结果很好地解释了 CO_2 分压对赤泥 CO_2 固化量的影响。当 CO_2 分压小于 0.3 MPa 时,溶液的 pH 值较大,赤泥中钙离子不易溶出,故不利于碳化反应的进行。当 CO_2 分压大于 0.3 MPa 时,溶液 pH 值降低且趋于稳定,钙离子溶出速率较快,溶出速率不再控制碳化反应步骤,碳化反应过程受反应物的扩散速率控制。

5.4.4　碳化反应时间对赤泥 CO_2 固化量的影响

为了确定合适的赤泥碳化反应时间,研究赤泥碳化反应动力学,测试了碳化反应时间对赤泥 CO_2 固化量的影响。试验采用烧结法赤泥,水固比为 10%,CO_2 分压为 0.3 MPa,室温条件下,分别在 0、2 h、5 h、8 h 和 24 h 测试了烧结法赤泥碳化固化量,试验结果如图 5-15 所示。

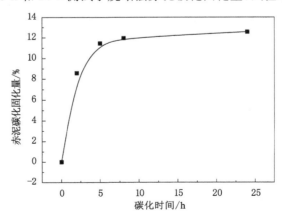

图 5-15　碳化时间对赤泥碳化固化量的影响

由图 5-15 可以看出：随着碳化时间的增加，赤泥 CO_2 固化量增加，$0\sim8$ h 内固化量增长速率较快（8 h 达到 24 h 固化量的 95.3%），8 h 之后增长缓慢。

5.5　赤泥加速碳化反应动力学

赤泥碳化反应过程是一个吸收 CO_2 气体的放热过程，由以上分析结果可以得出：当 CO_2 分压小于 0.3 MPa 时，溶液的 pH 值较大，赤泥中钙离子不易溶出，故不利于碳化反应的进行。当 CO_2 分压大于 0.3 MPa 时，溶液 pH 值降低且趋于稳定，钙离子溶出速率较快，溶出速率不再是碳化反应控制项目。为了明确控制赤泥碳化反应速率的因素，进一步提高碳化反应速率，本节将研究 CO_2 分压大于 0.3 MPa 时赤泥的碳化动力学。

5.5.1　碳化反应过程中的温度、压力变化

烧结法赤泥与 10% 的自来水拌和均匀后放入碳化反应釜，室温条件下充入 0.3 MPa 的 CO_2 气体后关闭充气阀门，通过记录仪和传感器实时测试反应釜内温度和压力变化，如图 5-16 所示。

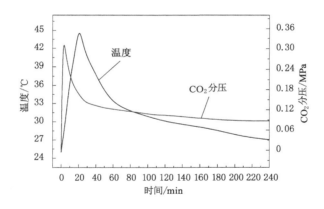

图 5-16　碳化反应过程中反应釜内温度和压力变化曲线

由图 5-16 可以看出：在 $0\sim30$ min 内，反应釜内温度急剧上升，在 30 min 时达到峰值，之后随着时间的增加，温度逐渐降低，下降速率随时间逐渐减小；最高的温度为 45.2 ℃，相比初始温度升高了 20.2 ℃。$0\sim30$ min 内反应釜内 CO_2 压力急剧下降，30 min 后下降速率逐渐减小。通过碳化反应过程中温度和压力的变化趋势可以得出：$0\sim30$ min 内碳化反应速率较快，之后随着碳化时间的增加，碳化反应速率逐渐减小。其原因可能是碳化反应后生成的碳酸钙包裹在颗粒表面，减缓了反应的进一步进行，加速碳化反应是一个受扩散速率控制的过程。

5.5.2　碳化反应时间对赤泥碳化程度的影响

烧结法赤泥与 10% 的自来水拌和均匀后放入碳化反应釜，室温条件下，控制反应釜内 CO_2 压力为 0.3 MPa，测试不同碳化反应时间内赤泥的碳化程度，如图 5-17 所示。

由图 5-17 可以看出：随着碳化反应时间的增加，碳化程度增加，且在 $0\sim30$ min 内曲线

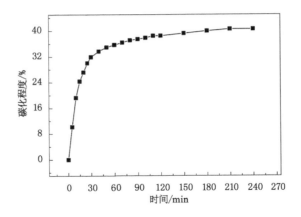

图 5-17 碳化反应时间对试块碳化程度的影响

斜率最大,说明这一段时间内碳化程度增长速率最快,之后随着碳化反应时间的增加,曲线斜率趋于0,说明碳化反应程度增长速率随时间增加显著减小。试验结果很好地验证了反应釜内温度和压力随碳化时间增加的变化趋势。0~10 min 内碳化程度增长速率平均为2%/min,10~30 min 内平均为 0.5%/min,30~60 min 内平均为 0.12%/min,而 60~240 min 内仅为 0.026%/min,30 min 和 60 min 碳化程度分别达到 240 min 的 78.7%和88.1%。碳化早期出现的碳化程度增长速率较快,是由于早期碳化反应速率较快,碳化反应产物较少,反应物较易扩散到反应表面,使得整个反应的速率较高。随着碳化反应的进行,碳化反应产物堆积在颗粒表面,形成一层阻碍层,随着阻碍层厚度的增加,反应物扩散到表面越来越慢,导致反应速率降低。

5.5.3 碳化反应动力学模型的建立

假设烧结法赤泥颗粒为圆形,初始半径为 r_0;碳化时间为 t 时的反应物厚度为 y。碳化反应过程中赤泥颗粒状态示意图如图 5-18 所示,由 Jander 的扩散公式可知:

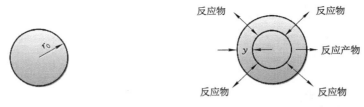

（a）原始烧结法赤泥颗粒   （b）碳化养护 t 时刻烧结法赤泥颗粒

r_0—烧结法赤泥颗粒原始半径;y—反应产物层的厚度。

图 5-18 烧结法赤泥颗粒碳化过程中的状态示意图

$$\frac{\mathrm{d}y}{\mathrm{d}t}=\frac{k_0 D}{y}$$

(5-5)

式中，$\dfrac{\mathrm{d}y}{\mathrm{d}t}$ 为反应速率；D 为反应物的扩散速率；k_0 为比例系数。

在 Jander 的扩散公式中，假设反应物的扩散速率为定值，但是由前面的试验结果可知扩散速率是随反应时间的增加而增大的，反应早期阶段扩散速率较快，但是随着碳化反应的进行反应产物逐渐集聚变厚，扩散速率逐渐降低，此处假设反应物扩散速率 D 与时间成反比关系，于是有：

$$D = \frac{K_1}{t} \tag{5-6}$$

式中，k_1 为比例系数。

联立式(5-5)和式(5-6)，可解得：

$$y^2 = 2k\ln t + C \tag{5-7}$$

假设碳化反应前、后颗粒体积不变，碳化反应实际上是一个微膨胀过程，即碳化反应后颗粒体积比原始体积稍大。V 为烧结法赤泥颗粒在 t 时刻未参与反应的体积，则有：

$$V = \frac{4\pi}{3}(r_0 - y)^3 \tag{5-8}$$

设 α 为 t 时刻的碳化程度。碳化程度为试块实际吸收的二氧化碳质量与理论上能够吸收二氧化碳质量的比值，近似等于反应生成物的体积与赤泥原始颗粒体积的比值。

$$\alpha = \frac{V_y}{V_{r_0}} = \frac{\frac{4}{3}\pi r_0^3 - \frac{4}{3}\pi(r_0 - y)^3}{\frac{4}{3}\pi r_0^3} = \frac{r_0^3 - (r_0 - y)^3}{r_0^3} \tag{5-9}$$

联立式(5-8)和式(5-9)可得：

$$V = \frac{4\pi}{3}(r_0 - y)^3 \tag{5-10}$$

联立式(5-9)和式(5-10)可得：

$$\frac{4}{3}\pi r_0^3(1-\alpha) = \frac{4}{3}\pi(r_0 - y)^3 \tag{5-11}$$

可解得：

$$y = r_0\left[1 - (1-\alpha)^{\frac{1}{3}}\right] \tag{5-12}$$

将式(5-11)代入式(5-7)得：

$$\left[1 - (1-\alpha)^{\frac{1}{3}}\right]^2 = \frac{2k\ln t}{r_0^2} + C = K_c\ln t + C \tag{5-13}$$

式中，k_C 为碳化反应系数；C 为常数。

5.5.4　试验结果与模型的拟合分析

为了检验 5.5.3 节中模型的准确性，将试验数据代入式(5-13)进行线性回归分析，如图 5-19 所示。

由图 5-19 可以看出：试验结果和式(5-13)所表示曲线之间无论是反应初期还是反应中、后期都是相吻合的，自变量和因变量之间的相关性很好，相关性系数 $R^2 = 0.983\,84$，说明本模型能够准确地预测碳化程度和碳化时间之间的关系。

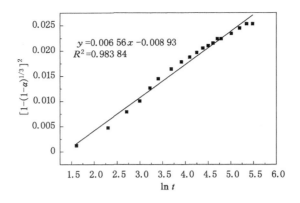

图 5-19　试验数据和动力学模型的回归分析

5.6　赤泥加速碳化反应过程及反应机理

为了进一步深入研究赤泥碳化的反应过程,阐述烧结法赤泥加速碳化机理,对加速碳化后的烧结法赤泥进行了一系列微观测试分析,包括 XRD、TG/DTA、FT-IR、MAS-NMR、SEM-EDS、孔结构、pH 值等,研究了碳化前、后物相种类和结构的变化、碳化产物的赋存状态、孔结构变化、赤泥碳化反应过程等。

5.6.1　赤泥碳化反应前、后 XRD 分析

为了探索赤泥碳化反应前、后物相的变化,对赤泥碳化反应前、后进行了 XRD 分析。拜耳法赤泥和烧结法赤泥碳化前、后物相 XRD 图谱如图 5-20 和图 5-21 所示。

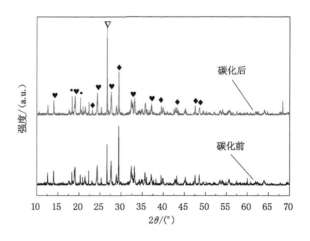

◆—方解石;▽—石英;♥—钙霞石;·—三水铝石;♣—硬水铝石。
图 5-20　拜耳法赤泥碳化前、后的 XRD 图谱

由图 5-20 可以看出:拜耳法赤泥主要物相为石英、方解石、钙霞石、三水铝石、一水铝石

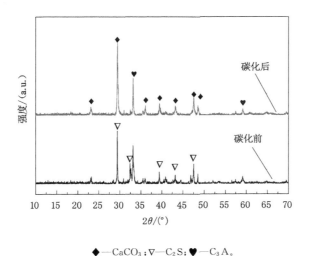

◆—$CaCO_3$；▽—C_2S；♥—C_3A。

图 5-21　烧结法赤泥碳化前、后的 XRD 图谱

等,碳化后没有出现新的衍射峰,各衍射峰强度也没有明显变化,说明拜耳法赤泥与 CO_2 反应的活性较低。

由图 5-21 可以看出:碳化前烧结法赤泥的主要物相为 C_2S(包括 β-C_2S 和 γ-C_2S)和 C_3A,以 C_2S 为主,此外还有微量的方解石,这些分析结果和热分析结果相吻合;碳化后 $CaCO_3$ 的衍射峰显著增强,C_2S 衍射峰减弱,其他物相衍射峰没有明显变化。说明烧结法赤泥碳化的过程主要是 C_2S 矿物与 CO_2 气体发生反应生成了 $CaCO_3$ 晶体,但是碳化后的物相 XRD 图谱中没有出现 SiO_2 的衍射峰,说明碳化后 SiO_2 以非晶态存在。此外碳化反应后 C_3A 衍射峰没有消失,也没有新的水化产物生成,说明赤泥中的 C_3A 矿物和水泥中的 C_3A 矿物有较大差别,结晶较好;且相比 C_2S 矿物,C_3A 矿物碳化活性较低,其机理仍需进一步研究。

5.6.2　赤泥碳化反应前、后 TG/DTA 分析

为了进一步定性、定量表征赤泥碳化反应前、后物相的变化,对赤泥碳化反应前、后进行了 TG/DTA 分析。拜耳法赤泥和烧结法赤泥碳化反应后的 TG/DTA 图谱分别如图 5-22 和图 5-23 所示。

由图 5-22 和图 5-23 可以看出:赤泥碳化反应后与碳化前的 DTA 曲线没有明显变化,仅 TG 曲线在 $500\sim800$ ℃内失重率有所提高。拜耳法赤泥和烧结法赤泥碳化反应前、后的 TG 图谱如图 5-24 和图 5-25 所示。

由图 5-24 可以看出:拜耳法赤泥碳化后,TG/DTA 图谱没有明显变化,仅在 695 ℃ 时失重率增大 0.9%。由图 5-25 可以看出:烧结法赤泥碳化后在 728 ℃ 时失重率明显增大,从 3.9% 增大到 12.9%。综合以上分析,赤泥碳化反应后形成了碳酸盐产物,拜耳法赤泥 CO_2 固化量很低,烧结法赤泥 CO_2 固化量很高,这些分析结果与 XRD 分析结果吻合。故下文主要研究烧结法赤泥的碳化反应过程及反应机理(如没有特殊说明,均为烧结法赤泥)。

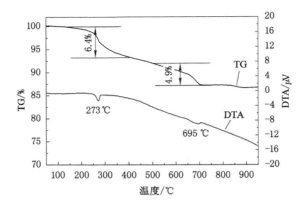

图 5-22　拜耳法赤泥碳化反应后的 TG/DTA 图谱

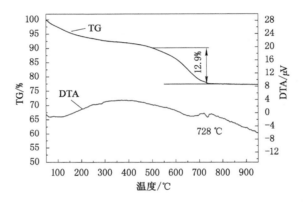

图 5-23　烧结法赤泥碳化反应后的 TG/DTA 图谱

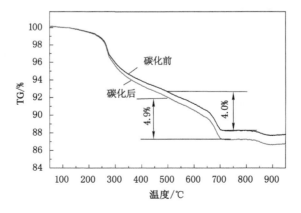

图 5-24　拜耳法赤泥碳化反应前、后的 TG 图

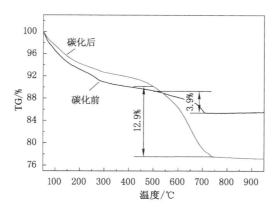

图 5-25　烧结法赤泥碳化反应前、后的 TG 图

5.6.3　赤泥碳化反应前、后的 FT-IR 分析

红外光谱是通过讨论产生振动光谱的各种分子振动类型，了解红外光谱中各种振动吸收峰的归属，来研究分子结构特征的变化。不同振动类型振动产生的吸收带位置不同，化学键的振动波数与化学键的强度成正比，而与原子的质量成反比。也就是说，基团的振动频率取决于化学键和原子质量，但有时由于振动基团周围的化学环境改变，振动频率会发生位移。

未受微扰的碳酸根离子 CO_3^{2-} 是平面三角形对称型，其简正振动模式见表 5-2。

表 5-2　简正振动模式

振动模式	振动峰/cm^{-1}	活性状态
对称伸缩振动	1 064 cm^{-1}	红外非活性(拉曼活性)
非对称伸缩振动	1 415 cm^{-1}	红外活性+拉曼活性
面内弯曲振动	680 cm^{-1}	红外活性+拉曼活性
面外弯曲振动	879 cm^{-1}	红外活性

但是，碳酸盐离子总是以化合物存在，很难测定自由离子的频率。在硅酸盐学科领域常见到以下碳酸盐，其红外光谱见表 5-3。

表 5-3　碳酸根离子红外光谱

	单晶频率/cm^{-1}	粉末频率/cm^{-1}
非对称伸缩振动 νs	1 407	1 425
面外弯曲振动 $1\nu_2$	872	877
面内弯曲振动 $2\nu_4$	712	712

对于正硅酸盐，孤立的 $[SiO_4]$ 基团只有 4 个振动模式：① ν_1 对称伸缩振动；② ν_2 双重简并振动；③ ν_3 三重简并不对称伸缩振动；④ ν_4 三重简并面外弯曲振动。这 4 个振动模式

中只有 ν_3 和 ν_4 是红外活性的,振动峰分别在 $800\sim1\,000\ cm^{-1}$ 和 $550\sim450\ cm^{-1}$ 之间。随着硅酸盐聚合度的提高,Si—O 键逐渐聚合为 Si—O—Si 键,Si—O 键的振动持续向更高波数迁移。赤泥碳化反应前、后的 FT-IR 图谱如图 5-26 所示。

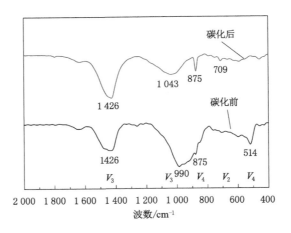

图 5-26　烧结法赤泥碳化反应前、后的红外光谱图

由图 5-26 可以看出:$1\,426\ cm^{-1}$、$875\ cm^{-1}$ 和 $709\ cm^{-1}$ 处的衍射峰分别是碳酸盐基团的不对称伸缩振动、面外弯曲振动和面内弯曲振动引起的,$800\sim1\,000\ cm^{-1}$ 和 $514\ cm^{-1}$ 处的衍射峰为 $[SiO_4]$ 基团的不对称伸缩振动和面外弯曲振动引起的。烧结法赤泥碳化反应后碳酸盐基团的不对称伸缩振动、面外弯曲振动和面内弯曲振动明显增强,$[SiO_4]$ 基团的面外弯曲振动消失,不对称伸缩振动向更高波数迁移。以上结果说明:赤泥碳化反应后生成了碳酸盐,同时生成了较高聚合度的 SiO_2 凝胶。

5.6.4　赤泥碳化反应前、后的 MAS-NMR 分析

NMR(nuclear magnetic resonance)为核磁共振,是指磁矩不为 0 的原子核,在外磁场作用下自旋能级发生蔡曼分裂,共振吸收某一定频率的射频辐射的物理过程。在 ^{29}Si 固体核磁共振谱中,Si 所处的化学环境用 Q^i 表示,其中 $i(i=0\sim4)$ 为每个硅氧四面体单元与相邻四面体共享氧原子的个数,因此可以通过测定 Q^i 的相对含量分析硅酸盐结构信息。赤泥碳化反应前、后的 ^{29}Si NMR 图谱如图 5-27 所示。

由图 5-27 可以看出:碳化前赤泥中的硅酸盐为岛状结构,表现在核磁共振谱中 Si 的化学环境为 Q^0(-67 ppm);赤泥碳化反应后,Q^0 减弱,在 -110 ppm 出现了 Q^4。说明赤泥碳化反应后硅酸盐聚合度提高,岛状硅酸盐结构缩聚形成了三维网状的硅酸盐结构,这也是 XRD 分析中没有发现 SiO_2 衍射峰的原因。

5.6.5　赤泥碳化反应前、后的 SEM-EDS 分析

为了探索赤泥碳化反应前、后微观形貌的变化,确定碳化反应产物的赋存状态,对烧结法赤泥碳化反应前、后进行了 SEM-EDS 分析。

5.6.5.1　赤泥碳化反应前的 SEM-EDS 分析

碳化前赤泥的 SEM 如图 5-28 所示,EDS 分析见表 5-4。

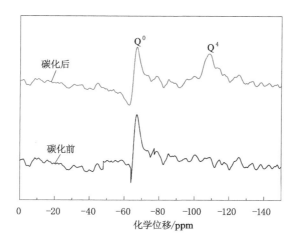

图 5-27　烧结法赤泥碳化反应前、后的核磁共振图

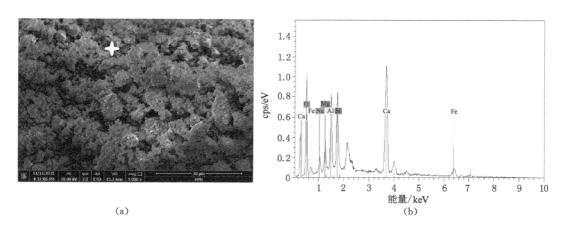

(a)　　　　　　　　　　　　　　　　　　(b)

图 5-28　烧结法赤泥碳化反应前的 SEM-EDS 图

表 5-4　烧结法赤泥碳化反应前的 EDS 定量分析

元素	原子序数	系列	非归一化质量分数/%	归一化质量分数/%	原子含量/%	误差(质量分数)/%
Ca	20	K-series	20.76	34.87	23.72	0.77
O	8	K-series	14.69	24.66	42.03	2.49
Fe	26	K-series	8.16	13.71	6.69	0.57
Si	14	K-series	6.57	11.03	10.71	0.33
Al	13	K-series	5.21	8.75	8.84	0.29
Mg	12	K-series	2.39	4.02	4.51	0.18
Na	11	K-series	1.76	2.96	3.51	0.17

由图 5-28 可以看出:碳化前烧结法赤泥为团簇状颗粒堆积状,颗粒轮廓不规则,颗粒物互相包裹。元素分析表明赤泥的主要成分为钙、硅、铝、铁,含量依次递减,具体含量见

表 5-4。

5.6.5.2 赤泥碳化反应后的 SEM-EDS 分析

赤泥碳化反应后的 SEM-EDS 如图 5-29 所示,EDS 分析见表 5-5。

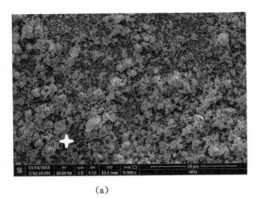
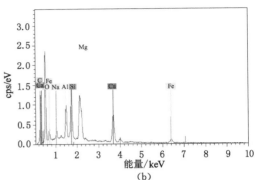

(a)　　　　　　　　　　　　(b)

图 5-29　烧结法赤泥碳化反应后 SEM-EDS 图

表 5-5　烧结法赤泥碳化反应后的 EDS 定量分析

元素	原子序数	系列	非归一化质量分数/%	归一化质量分数/%	原子含量/%	误差(质量分数)/%
O	8	K-series	16.4	40.42	54.79	2.66
Ca	20	K-series	8.23	20.27	10.97	0.35
Si	14	K-series	4.88	12.02	9.28	0.25
Fe	26	K-series	4.79	11.81	4.59	0.37
C	6	K-series	3.1	7.65	13.81	0.86
Al	13	K-series	2.44	6.02	4.84	0.16
Na	11	K-series	0.74	1.82	1.72	0.09

由图 5-29 可以看出:赤泥碳化反应后细小颗粒包裹现象更明显;点扫描结果表明反应后碳元素含量明显增加,说明赤泥碳化反应后形成了碳酸盐,但是碳化反应产物的具体分布形态难以表征,这可能与赤泥本身的颗粒形貌有关。

5.6.6 赤泥碳化反应前、后的孔结构参数分析

赤泥碳化反应前、后的 N_2 吸附等温线如图 5-30 所示。

由图 5-30 可以看出:赤泥碳化反应前、后吸附等温线类型没有改变,都属于 IUPAC 分类中的Ⅲ型回滞环,此类回滞环等温线没有明显的饱和吸附平台,表明孔结构不规整,多为片状颗粒材料堆积形成的平板狭缝结构、裂缝和楔形结构孔等。

基于吸附等温线,根据 BJH 算法得到赤泥碳化反应前、后的孔径分布如图 5-31 所示,从图中可以看出赤泥碳化反应后 2~30 nm 孔体积增加,说明赤泥碳化反应后纳米孔体积增大,具体数据见表 5-6。

由表 5-6 可以看出:赤泥碳化反应后比表面积从 7.478 4 m^2/g 增大到 13.098 m^2/g,平

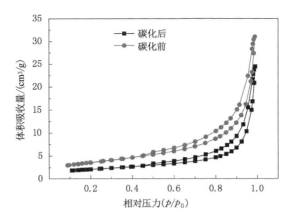

图 5-30 烧结法赤泥碳化反应前、后的 N₂ 等温吸附曲线

均孔尺寸从 17.338 2 nm 降低至 12.571 2 nm,说明赤泥碳化反应后孔结构得到改善,不规则狭缝孔得到填充,同时形成了一些纳米尺寸新孔,结合前面的分析测试结果,分析其可能原因为:碳化反应过程中钙离子从原赤泥颗粒中溶出,留下一些纳米尺寸新孔,同时碳化反应后形成的碳化产物填充在原有狭缝孔内。大孔体积减小,纳米孔体积增大,比表面积增大。

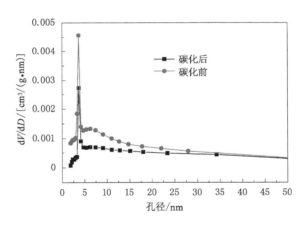

图 5-31 烧结法赤泥碳化反应前、后的孔径分布曲线

表 5-6 烧结法赤泥碳化反应前、后的孔结构分析

	表面积①/(m²/g)	孔体积②/(cm³/g)	孔径③/nm	孔径④/(m²/g)
碳化前	7.478 4	0.037 97	17.338 2	4.813
碳化后	13.098	0.048 359	12.571 2	8.695

注:① BET 方法测试的比表面积。

② BJH 法测试在 1.7~300 nm 之间的累计孔容。

③ BJH 法测试的平均孔直径。

④ 直径大于 2.34 nm 的孔的总面积。

5.6.7 赤泥碳化反应前、后的 pH 值分析

为了研究赤泥碳化反应前、后的碱性变化,测试了赤泥碳化反应前、后浸出液 pH 值随浸出时间的变化趋势如图 5-32 所示。

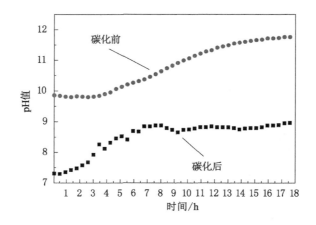

图 5-32　赤泥碳化反应前、后的 pH 值变化曲线

由图 5-32 可以看出:碳化前赤泥浸出液的 pH 值很高(大于 10),随着浸出时间的增加,pH 值持续增大,最终 pH 值大于 12;碳化后赤泥的 pH 值大幅降低,6 h 后趋于稳定,pH 值为 8.7。说明赤泥碳化反应后溶液的 pH 值降低,对环境的碱性危害大幅降低。

5.6.8 赤泥加速碳化反应过程

综合以上分析测试结果可以总结赤泥加速碳化反应过程如下:

第一步:由于 CO_2 过量,赤泥呈碱性,在孔溶液中电离出 OH^-,在高压条件下 CO_2 会快速溶于孔溶液中,反应式如下:

$$CO_2 + OH^- = HCO_3^- \tag{5-14}$$

第二步:随着 CO_2 的溶解,孔溶液中 pH 值逐渐降低,孔溶液局部呈现酸性:

$$HCO_3^- = H^+ + CO_3^{2-} \tag{5-15}$$

第三步:在 H^+ 离子环境下,C_2S 等矿物迅速溶解出钙离子,同时 $[SiO_4]$ 基团发生缩聚反应,聚合示意图如图 5-33 所示。

$$2CaO \cdot SiO_2 + 4H^+ = 2Ca^{2+} + 2H_2O + SiO_2(凝胶) \tag{5-16}$$

第四步:钙离子与孔溶液中的碳酸根离子结合形成絮状沉淀。

$$Ca^{2+} + CO_3^{2-} = CaCO_3 \downarrow \tag{5-17}$$

综上所述,赤泥碳化反应后生成的碳酸钙填充在原赤泥颗粒孔隙之间,高度聚合的二氧化硅凝胶包裹在原来的颗粒表面。根据此原理,如果将赤泥加压成型,然后进行加速碳化养护,如图 5-34 所示。碳化生成的碳酸钙和高度聚合的二氧化硅凝胶填充颗粒孔隙,同时将颗粒黏结成一个均质的硬化体,这是赤泥基免烧免蒸仿岩砖的强度发展机理。

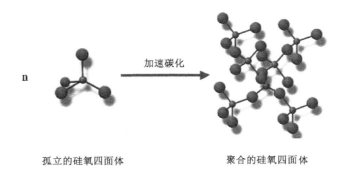

图 5-33　赤泥碳化过程中[SiO₄]的聚合过程

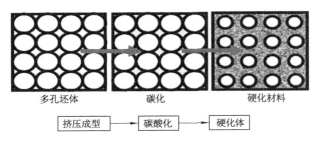

图 5-34　仿岩砖强度发展机理

5.7　赤泥基免烧免蒸仿岩砖工艺

5.7.1　成型压力对仿岩砖性能的影响

采用烧结法赤泥,固定水固比为 10%,在不同成型压力(5～35 MPa)下成型坯体,坯体尺寸为 4 cm×5 cm×4 cm,成型坯体放入反应釜中,室温条件下保证反应釜内 CO_2 分压为 0.3 MPa,碳化时间为 8 h,测试试块的力学性能。成型压力对试块力学性能的影响如图 5-35 所示。

由图 5-35 可以看出:随着成型压力的增大,试块抗压强度先增大后减小,成型压力为 25 MPa 时达到最大值,抗压强度为 28 MPa。分析其原因可能是:成型压力越大试块初始孔隙率越小,赤泥碳化反应后试块越密实,故随着成型压力的增大抗压强度先增大。但是成型压力过大时,试块初始孔隙率过小,不利于赤泥碳化反应的进行,碳化程度下降,所以试块强度下降。综合以上结果,赤泥基仿岩砖适宜的成型压力为 20～25 MPa。

5.7.2　仿岩砖厚度优化研究

由于赤泥碳化反应是一个受扩散过程控制的过程,试块太厚不利于赤泥碳化反应的进行。为了确定合适的试块厚度,研究了试块内部碳化程度的分布规律,试验采用烧结法赤泥,固定水固比为 10%,在 20 MPa 成型压力下成型坯体,坯体尺寸为 5 cm×5 cm×5 cm,成型坯体放入反应釜中,室温条件下,保证反应釜内 CO_2 分压为 0.3 MPa,碳化时间为 8 h,

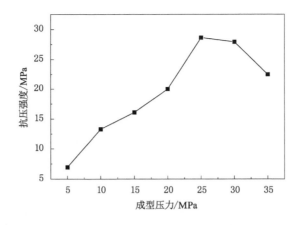

图 5-35　成型压力对试块抗压强度的影响

切开试块,取试块切面不同区域粉末进行热分析,测试流程如图 5-36 所示,每隔 0.5 cm 设 1 个取样点,共计 25 个取样点。

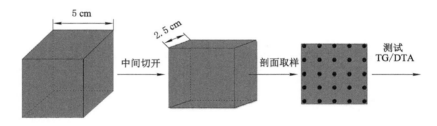

图 5-36　测试流程

以 500~800 ℃内的失重率表征试块内部不同区域的碳化程度,将试验数据拟合处理,如图 5-37 和图 5-38 所示。

由图 5-37 和图 5-38 可以看出:试块边缘碳化程度较高,生成了较多的方解石,所以失重率较大;试块中心失重率略微降低,说明试块内部的碳化程度较低,碳化程度随着碳化深度的变化规律如图 5-39 所示。

由图 5-39 可以看出:2 cm 内碳化程度较高,大于 2 cm 之后碳化程度开始降低,所以试块的厚度不宜太厚。

5.7.3　放大试验

基于以上研究结果,采用烧结法赤泥,固定水固比为 10%,陈化 2 h 后在 20 MPa 下成型 240 mm×115 mm×53 mm 的砖坯体,然后将砖坯体进行碳化反应,控制二氧化碳分压为 0.3 MPa,室温下碳化 8 h 后得仿岩砖,试验流程如图 5-40 所示。

根据建材行业标准《非烧结垃圾尾矿砖》(JC/T 422—2007)测试仿岩砖的抗折强度、抗压强度、吸水率、干燥收缩率、增重率、干密度等参数,试验结果见表 5-7。

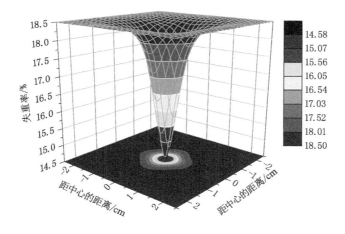

图 5-37　试块内部失重率三维分布图

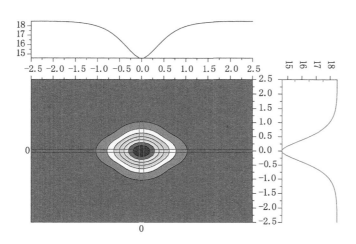

图 5-38　试块内部失重率分布平面图(单位:％)

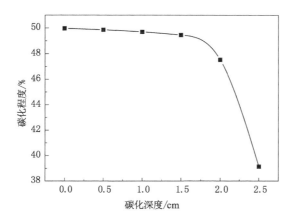

图 5-39　碳化程度随碳化深度的变化规律

原料混合均化

图 5-40　试验流程

表 5-7　仿岩砖的物理、力学性能

抗压强度/MPa	抗折强度/MPa	吸水率	干燥收缩率	增重率	干密度/(g/cm³)
18.2	2.6	17.39%	0.05%	14.44%	1.44

试验结果满足建材行业标准《非烧结垃圾尾矿砖》(JC/T 422—2007)的要求:抗压强度≥15 MPa,干燥收缩率<0.06%,吸水率<18%,无泛碱现象。

5.8　本章小节

(1)赤泥的种类、水固比、CO_2 分压、碳化反应时间等对赤泥 CO_2 固化量影响较大。相比拜耳法赤泥,烧结法赤泥因含有大量的硅酸二钙等钙质矿物,具有较高的 CO_2 固化量;随着水固比的增大,赤泥 CO_2 固化量先增大后减小,在水固比为 0.1 时达到最大,此时 CO_2 固化量为 12.45%;随着 CO_2 分压的提高,CO_2 固化量提高,但是提高幅度逐渐降低,0～0.3 MPa 内提高幅度较高,0.3～1 MPa 内提高幅度较小;随着碳化反应时间的增加,CO_2 固化量提高,但是提高幅度逐渐降低,0～8 h 内提高幅度较大,8～24 h 内提高幅度较小。

(2)赤泥碳化反应是一个放热过程,在 0～30 min 内放热速率较快,30 min 后放热速率逐渐降低,赤泥加速碳化是一个受扩散速率控制的过程,试验结果与杨德尔动力学模型相吻合,相关性系数 $R^2=0.984$。

(3)赤泥碳化主要产物为方解石晶体和非晶态 SiO_2 凝胶,其中非晶态二氧化硅凝胶是高度聚合的三维网状结构。赤泥碳化反应产物的赋存状态为:非晶态 SiO_2 包裹在未碳化的赤泥颗粒表面,方解石填充在颗粒孔隙之间。赤泥碳化反应后比表面积增大,孔体积增大,平均孔径减小。赤泥碳化反应后浸出液 pH 值从 12 降到 8.7。赤泥碳化反应过程主要为钙离子的溶出和硅酸盐结构的重组。

(4)以烧结法赤泥为原料,通过挤压成型和加速碳化,制备免烧、免蒸仿岩砖能满足《非烧结垃圾尾矿砖》(JC/T 422—2007)的要求。

第6章　C_2S-C_4AF-$C_{12}A_7$ 型低钙胶凝材料的制备及碳化硬化性能

6.1　引言

由第 5 章内容可以看出：烧结法赤泥具有很高的碳化硬化性能，但是拜耳法赤泥的碳化活性较差。为了提高拜耳法赤泥的碳化硬化性能，以拜耳法赤泥为主要原料（利用率大于50%）制备了一种 C_2S-C_4AF-$C_{12}A_7$ 型低钙胶凝材料，研究了该低钙胶凝材料的碳化硬化过程和硬化机理，基于碳化反应热建立了此胶凝材料的碳化反应动力学模型，揭示了碳化养护提高该胶凝材料凝结硬化性能的机理。

6.2　相图理论分析

拜耳法赤泥是铝土矿经强碱溶出氧化铝过程排放的废渣[68-69]，所含矿物与二氧化碳发生反应的活性很低，通过煅烧能够改变拜耳法赤泥的矿物组成类型。拜耳法赤泥的组成点在 CaO-SiO_2-Al_2O_3 三元相图中所处位置如图 6-1 所示，根据材料科学基础三元相图的相关理论，拜耳法赤泥煅烧后的矿物组成以钙铝黄长石和钙长石为主。不同温度煅烧的拜耳法赤泥的 XRD 图谱如图 6-2 所示。由图 6-2 可知：拜耳法赤泥的主要物相为高岭石、一水铝石、水化钙铝榴石、钙霞石、石英、方解石、赤铁矿等，低温煅烧处理（0～300 ℃）后，其矿物组成没有发生明显变化；随着温度的提高（约 500 ℃），高岭石和一水铝石衍射峰消失；温度继续提高（约 800 ℃），方解石分解，衍射峰消失；温度升高到 900～1 000 ℃，二氧化硅衍射峰消失，钙霞石矿物分解，开始大量形成霞石（NAS_2）和钙铝黄长石矿物（C_2AS），经过热力学分析，这两种矿物常温条件下均不能与二氧化碳发生反应。因此，单纯的热处理并不能使拜耳法赤泥转变为可用的胶凝材料，还需要在热处理的同时改变拜耳法赤泥的化学组成。

查阅文献可知：C_3S-C_3A-$C_{12}A_7$-C_2S 多边形区域内的矿物均能与二氧化碳发生反应，且是胶凝材料的矿物组成。另外，在 CaO-SiO_2-Al_2O_3 三元相图中，越靠近左下角区域，氧化钙含量越高，需要配入的钙质原材料越多，所需要的煅烧温度越高，排放的二氧化碳气体也就越多，这也是拜耳法赤泥难以在高钙胶凝材料体系中大量使用的另一个主要原因。所以在考虑低钙胶凝材料的矿物类型时还需要考虑拜耳法赤泥的用量，拟合拜耳法赤泥用量与 CaO-SiO_2-Al_2O_3 三元相图的关系，如图 6-3 所示。由图 6-3 可以看出：拜耳法赤泥用量大于50% 的区域与 C_3S-C_3A-$C_{12}A_7$-C_2S 多边形区域有一个重合区域，这个区域即拜耳法赤泥制备低钙胶凝材料的矿物组成区域，主要矿物组成为低钙矿物 C_2S 和 $C_{12}A_7$。

此外，拜耳法赤泥还含有大量氧化铁，因此在 CaO-SiO_2-Al_2O_3-Fe_2O_3 四元相图中还会

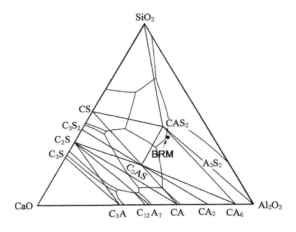

图 6-1　拜耳法赤泥组成点在 $CaO\text{-}SiO_2\text{-}Al_2O_3$ 三元相图中所处位置

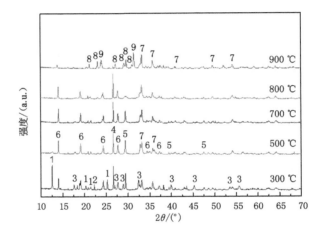

1—高岭石；2—水铝石；3—水化铝酸钙；4—石英；5—方解石；

6—钙霞石；7—赤铁矿；8—霞石；9—钙铝黄长石。

图 6-2　不同温度煅烧时拜耳法赤泥的 XRD 图谱

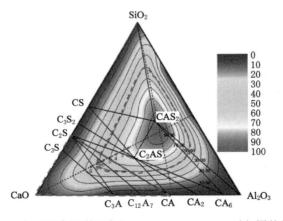

图 6-3　拜耳法赤泥利用率与 $CaO\text{-}SiO_2\text{-}Al_2O_3$ 三元相图的关系

形成 C_4AF 矿物。C_2S-C_4AF-$C_{12}A_7$ 副三角形如图 6-4 所示,从图中可以看出 C_2S-C_4AF-$C_{12}A_7$ 矿物能够共存,并形成一个最低共熔点。因此向拜耳法赤泥中补充钙质原料,通过煅烧理论上能够制备以 C_2S-C_4AF-$C_{12}A_7$ 为主要矿物组成的新型低钙胶凝材料。

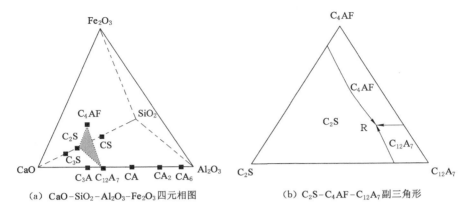

（a）CaO-SiO_2-Al_2O_3-Fe_2O_3 四元相图　　　（b）C_2S-C_4AF-$C_{12}A_7$ 副三角形

图 6-4　CaO-SiO_2-Al_2O_3-Fe_2O_3 四元相图和 C_2S-C_4AF-$C_{12}A_7$ 副三角形

6.3　配料计算方法

确定了低钙胶凝材料的矿物组成类型,即 C_2S-C_4AF-$C_{12}A_7$,而这几种矿物主要是依靠原料中所提供的氧化钙、二氧化硅、氧化铝和氧化铁等氧化物在高温下相互反应而形成的。为了得到设计的矿物组成,需要精确控制生料的化学组成和煅烧条件。

根据现有的硫铝酸盐水泥熟料及硅酸盐水泥熟料的配料计算理论,提出用 3 个指标来表示低钙胶凝材料中各种化学成分与矿物组成之间的关系,分别为碱度系数 LSF、硅率 Sm 和铝率 Im。低钙胶凝材料的配料计算方法结合了硫铝酸盐水泥熟料与硅酸盐水泥熟料的配料计算方法,并对形成矿物进行系数修改,且以如下几个设想为依据:

（1）低钙胶凝材料中不存在 C_3S、C_3A 等高钙矿物,也不存在 C_2AS 等无碳化反应活性矿物;

（2）低钙胶凝材料中只有 C_2S、C_4AF 和 $C_{12}A_7$;

（3）低钙胶凝材料中氧化铝与氧化铁的质量比不低于 0.64。

碱度系数 LSF、硅率 Sm 和铝率 Im 可分别按式(6-1)、式(6-2)和式(6-3)计算:

$$\mathrm{LSF}=\frac{w_{CaO}}{1.87w_{SiO_2}+0.94w_{Al_2O_3}+0.8w_{Fe_2O_3}} \tag{6-1}$$

$$\mathrm{Sm}=\frac{w_{SiO_2}}{w_{Al_2O_3}+w_{Fe_2O_3}} \tag{6-2}$$

$$\mathrm{Im}=\frac{w_{Al_2O_3}}{w_{Fe_2O_3}} \tag{6-3}$$

式中,CaO、SiO_2、Al_2O_3、Fe_2O_3 分别代表低钙胶凝材料中各自的质量分数,%。

碱度系数表示熟料中的氧化钙满足生成熟料设计矿物所需氧化钙量的程度,在正常配料条件下,碱度系数应等于 1,但是实际情况中拜耳法赤泥含有较多的氧化钠等会消耗一部分氧化铝生成少量的铝酸钠等,所以碱度系数应尽量靠近 1 或稍小于 1。

已知低钙胶凝材料的化学组成时可通过下式计算得到低钙胶凝材料的矿物组成。

$$w_{C_2S} = 2.87w_{SiO_2} \tag{6-4}$$

$$w_{C_{12}A_7} = 1.94(w_{Al_2O_3} - 0.64w_{Fe_2O_3}) \tag{6-5}$$

$$w_{C_4AF} = 3.04w_{Fe_2O_3} \tag{6-6}$$

式中 w_{C_2S}、w_{C_4AF} 和 $w_{C_{12}A_7}$ 分别代表低钙胶凝材料中各自矿物的质量分数,%。

硅铝和铝率与低钙胶凝材料矿物组成之间的关系如式(6-7)和式(6-8)所示,硅率代表胶凝材料中 C_2S 矿物与 C_4AF 和 $C_{12}A_7$ 矿物的质量比例。硅率越大,硅酸二钙含量越大,溶剂矿物越少,所要求的烧成温度越高,此外由于硅酸二钙的晶型转变,熟料更易发生粉化。但是硅率过小时,低钙胶凝材料中 C_2S 矿物太少而影响低钙胶凝材料的性能,且由于液相矿物过多,易出现结圈等影响熟料烧成。因此,设计拜耳法赤泥煅烧的低钙胶凝材料中硅酸二钙的含量为 50%~80%,相应的,Sm 的适宜范围为 0.64~2.70。而铝率代表 $C_{12}A_7$ 和 C_4AF 矿物的质量比例。在硅酸盐水泥熟料中,铝率一定程度上反映了熟料煅烧过程中高温液相的黏度,铝率高,液相黏度大,物料难烧;铝率过低,液相黏度降低,但是烧结范围大幅变窄。与普通硅酸盐水泥熟料不同的是,低钙胶凝材料熟料形成过程中没有 C_3S 和 C_3A 生成,无须生成液相和降低体系的黏度,所以铝率即使很高也不会使熟料烧成困难,这些与贝利特-铝酸盐水泥熟料烧成类似。但是由于 $C_{12}A_7$ 矿物碳化反应放出大量热量,所以 $C_{12}A_7$ 矿物含量过高对胶凝材料的性能不利,因此要限制 $C_{12}A_7$ 矿物的含量低于 15%,所以铝率 Im 的适宜范围为 3.0~0.64。

$$Sm = \frac{w_{C_2S}}{1.48w_{C_{12}A_7} + 1.55w_{C_4AF}} \tag{6-7}$$

$$Im = 1.57\frac{w_{C_{12}A_7}}{w_{C_4AF}} + 0.64 \tag{6-8}$$

6.4　拜耳法赤泥烧成 C_2S-C_4AF-$C_{12}A_7$ 型低钙胶凝材料

6.4.1　试验配合比

以上分析从理论上说明了利用拜耳法赤泥为原料煅烧制备以 C_2S-C_4AF-$C_{12}A_7$ 为主要矿物组成的新型低钙胶凝材料的可行性。为了验证理论上的可行性,首先采用拜耳法赤泥和化学试剂碳酸钙为原料,设计了不同的试验原料配合比(表 6-1),研究了原料组成对煅烧熟料矿物组成的影响规律。

表 6-1　试验原料配合比

试验编号	拜耳法赤泥含量/%	碳酸钙含量/%
1	70	30
2	65	35
3	60	40

表 6-1(续)

试验编号	拜耳法赤泥含量/%	碳酸钙含量/%
4	55	45
5	52.5	47.5
6	50	50
7	45	55

6.4.2　碳酸钙掺量对熟料矿物组成的影响

　　碳酸钙掺量对煅烧熟料矿物组成的影响规律如图 6-5 所示,由图中可以看出:碳酸钙掺量较少时(低于 30%),煅烧熟料的主要矿物为 C_2AS 矿物,此时熟料的化学组成处于 C_2AS 矿物的相区内。随着碳酸钙掺量的增加(30%~45%),C_2AS 矿物的衍射峰强度逐渐降低;掺量为 45% 时,C_2AS 矿物的衍射峰消失,说明此时熟料的化学组成已经越过了 C_2AS 矿物的相区。掺量达到 35% 时开始出现 C_2S 矿物的衍射峰,之后随着碳酸钙掺量的增加,衍射峰强度逐渐增强,碳酸钙掺量为 47.5% 时,生成的 C_2S 的含量最高,且掺量在 45%~50% 之间出现了 C_4AF 和 $C_{12}A_7$ 矿物的衍射峰,说明随着碳酸钙掺量的增加,熟料的化学组成逐渐向设计的组成区域转变,碳酸钙掺量在 45%~50% 之间时,熟料的化学组成位于设计的组成区域内(C_2S-C_4AF-$C_{12}A_7$ 副三角形),即会形成以 C_2S-C_4AF-$C_{12}A_7$ 为主要矿物组成的新型低钙胶凝材料。但是当碳酸钙掺量继续增加时(从 50% 到 55%),C_2S 矿物的衍射峰强度大幅降低,出现了较强的 C_3A 矿物的衍射峰,此时熟料的矿物组成为 C_3A、C_4AF 和 C_2S,即熟料的化学组成已越过 C_2S-C_4AF-$C_{12}A_7$ 副三角形到达 C_2S-C_4AF-C_3A 副三角形内。因此,通过向拜耳法赤泥补充钙质原料,低温煅烧制备以 C_2S-C_4AF-$C_{12}A_7$ 为主要矿物组成的新型低钙胶凝材料是可行的。

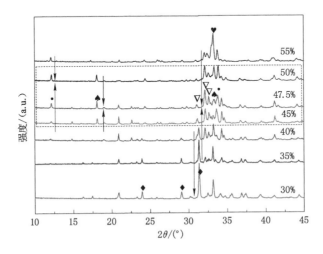

　　◆—C_2AS;▽—C_2S;♠—$C_{12}A_7$;·—C_4AF;♥—C_3A。

图 6-5　碳酸钙掺量对低钙胶凝材料矿物组成的影响

6.4.3 工业原料制备低钙胶凝材料

根据以上试验结果,以水泥熟料生产常用的石灰石和拜耳法赤泥为主要原料,探索工业化制备低钙胶凝材料的理论和方法。石灰石由焦作市坚固水泥有限公司提供,原料的化学成分见表 6-2。

表 6-2 石灰石的化学成分　　　　　　　　　　　　单位:%

成分	烧失量	SiO_2	Al_2O_3	Fe_2O_3	CaO	TiO_2	MgO	K_2O	Na_2O
石灰石	41.51	3.7	1.54	0.48	50.81	0.05	1.7	0.11	0.1

石灰石和拜耳法赤泥按设计配合比混合均匀后,加入适量水搅拌均匀后在 5 MPa 成型压力下压制成直径为 100 mm、厚 10 mm 的生料片,如图 6-6 所示。生料片在 105 ℃烘干后放入升降式电炉,升温速率为 10 ℃/min,在 900 ℃下保温 30 min,使碳酸钙分解完全,随后在 1 200 ℃煅烧 2 h,迅速取出熟料在空气中用风扇急冷,急冷的熟料较脆,颜色呈灰黑色,很容易破碎,制备的熟料如图 6-6 所示。熟料破碎后在振动磨中粉磨 20 min 后可得到低钙胶凝材料。

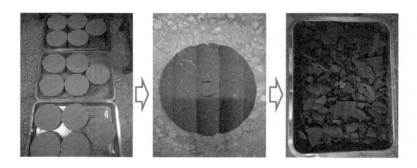

图 6-6 熟料的实验室烧成过程

为了进一步验证试验的可重复性及中试试验,利用中试回转窑 1 200 ℃煅烧制备了 100 kg 熟料,如图 6-7 所示,不同批次的熟料的 XRD 图谱如图 6-8 所示。由图可知熟料的主要矿物为 C_2S、C_4AF、$C_{12}A_7$,因此利用工业原料可煅烧形成以 C_2S、C_4AF、$C_{12}A_7$ 为主要矿物的低钙胶凝材料。

6.4.4 低钙胶凝材料矿物形成过程

6.4.4.1 低钙胶凝材料矿物形成热力学

低钙胶凝材料的主要矿物为 C_2S、C_4AF 和 $C_{12}A_7$,煅烧过程中主要发生的化学反应如下:

$$2CaCO_3 + SiO_2 \longrightarrow 2CaO \cdot SiO_2 + 2CO_2 \tag{6-9}$$

$$12CaCO_3 + 7Al_2O_3 \longrightarrow 12CaO \cdot 7Al_2O_3 + 12CO_2 \tag{6-10}$$

$$4CaCO_3 + Al_2O_3 + Fe_2O_3 \longrightarrow 4CaO \cdot Al_2O_3 \cdot Fe_2O_3 + 4CO_2 \tag{6-11}$$

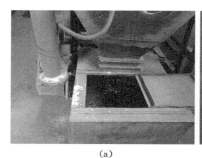 

(a)　　　　　　　　　　　(b)

图 6-7　熟料中试制备

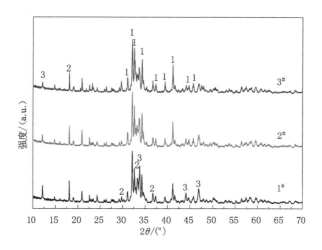

1—C_2S；2—$C_{12}A_7$；3—C_4AF。

图 6-8　工业原料煅烧制备熟料的 XRD 图谱

$$2CaO + SiO_2 \longrightarrow 2CaO \cdot SiO_2 \tag{6-12}$$

$$12CaO + 7Al_2O_3 \longrightarrow 12CaO \cdot 7Al_2O_3 \tag{6-13}$$

$$4CaO + Al_2O_3 + Fe_2O_3 \longrightarrow 4CaO \cdot Al_2O_3 \cdot Fe_2O_3 \tag{6-14}$$

对于上述反应式[式(6-9)至式(6-14)]，分别计算了不同温度时各反应的吉布斯自由能 ΔG，如图 6-9 所示。由图可知：随着温度的提高，各反应的吉布斯自由能 ΔG 均下降，在 887 ℃ 处出现转折是由于碳酸钙分解转变为氧化钙；在相同反应温度下，对于反应式(6-12)至式(6-14)，其反应容易程度由高到低分别为：$C_{12}A_7$、C_2S、C_4AF，即 $C_{12}A_7$ 最易形成，其次为 C_2S，C_4AF 最难形成。

6.4.4.2　TG/DTA 分析

低钙胶凝材料生料的 TG/DTA 图谱如图 6-10 所示。从图 6-10 可以明显看到两个失重阶段并伴随吸热，失重率分别为 2.9% 和 22.2%，失重温度为 282 ℃ 和 787 ℃，分别代表水铝石的脱水和碳酸钙的分解。由于碳酸钙分解需要吸收大量的热量，因此在实验室煅烧熟料时，在 900 ℃ 保温 30 min，以保证碳酸钙充分分解。900 ℃ 以后质量稳定，为研究 900 ℃ 以后生料煅

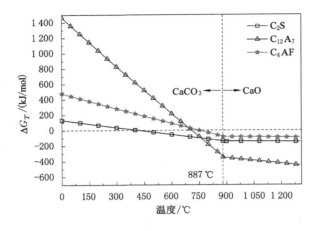

图 6-9   吉布斯自由能 ΔG 随温度 T 变化曲线

烧过程发生的物理、化学变化,分别在 900 ℃、1 000 ℃、1 100 ℃、1 150 ℃、1 200 ℃煅烧 2 h,对煅烧的试样进行 XRD 分析。

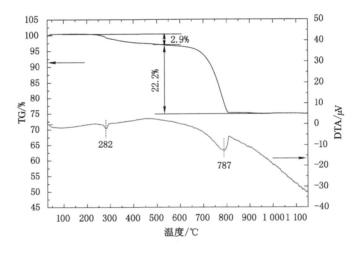

图 6-10   低钙胶凝材料生料的 TG/DTA 曲线

6.4.4.3   XRD 分析

基于热分析结果,对于低钙胶凝材料生料,900 ℃之前主要发生碳酸钙分解和水铝石矿物脱水。900～1 200 ℃煅烧的生料的 XRD 图谱如图 6-11 所示。由图 6-11 可知:900 ℃主要的衍射峰为加藤石、$C_{12}A_7$、C_2S 矿物,没有氧化钙的衍射峰,说明碳酸钙分解产生的氧化钙被氧化铁、氧化铝、二氧化硅迅速吸收,$C_{12}A_7$ 矿物大量形成。随着温度的升高,1 100 ℃时 C_2S 大量产生,加藤石逐渐消失,1 200 ℃时 C_2S 和 C_4AF 矿物的衍射峰强度最高。这些结果与热力学分析结果一致,即在低钙胶凝材料煅烧过程中,$C_{12}A_7$ 矿物最易形成,其次为 C_2S,最后形成 C_4AF 矿物。

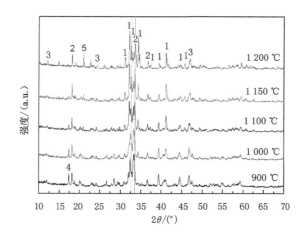

1—C_2S；2—$C_{12}A_7$；3—C_4AF；4—钙霞石；5—$NaAlSiO_4$。

图 6-11　低钙胶凝材料生料不同煅烧温度下的 XRD 图谱

6.4.5　拜耳法赤泥中的碱在熟料中的赋存状态

低钙胶凝材料生料煅烧前、后的化学成分分析见表 6-3，从表中可以看出各组分差别不大，特别是氧化钠，其含量没有明显降低，表明煅烧过程中氧化钠没有明显挥发。

表 6-3　低钙胶凝材料化学组成　　　　　　　　　　　　　　　　　单位：%

	CaO	SiO_2	Al_2O_3	Fe_2O_3	MgO	Na_2O	TiO_2	K_2O
生料	43.51	17.51	18.56	11.56	0.48	3.78	3.2	0.90
熟料	43.00	17.23	18.45	11.37	0.72	3.75	2.74	0.80

为了研究氧化钠的赋存状态，对煅烧的胶凝材料进行 BSE-EDS 分析，如图 6-12 所示。由图 6-12 可以看出：低钙胶凝材料主要由三种物相组成，最亮的为 C_4AF，灰色的为 C_2S，暗黑色的为 $C_{12}A_7$，各物相的确定可通过点扫描 EDS 进一步确定；图谱钠元素的分布与铝元素的分布一致，说明氧化钠主要赋存在铝酸盐矿物中，此外在硅酸二钙矿物中也含有微量钠元素。

6.4.6　拜耳法赤泥制备低钙胶凝材料的矿物组成和微观结构

6.4.6.1　XRD 图谱分析

利用拜耳法赤泥和石灰石在 1 200 ℃煅烧制备得到的低钙胶凝材料的 XRD 图谱如图 6-13 所示，从图中可以明显看到 C_2S、C_4AF 和 $C_{12}A_7$ 的衍射峰，利用 Rietveld 法进行全谱拟合分析得到各矿物的晶体结构及含量，见表 6-4。

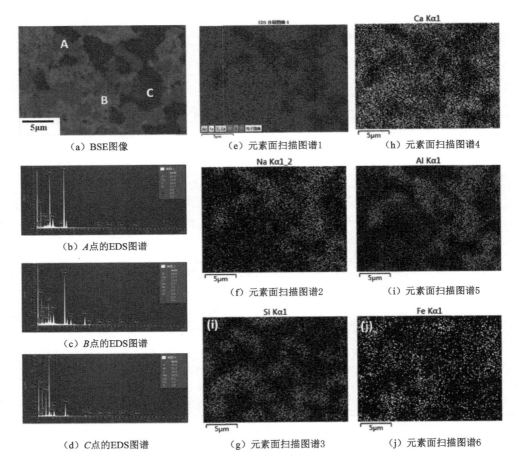

（a）BSE图像　　（e）元素面扫描图谱1　　（h）元素面扫描图谱4

（b）A点的EDS图谱

（c）B点的EDS图谱　　（f）元素面扫描图谱2　　（i）元素面扫描图谱5

（d）C点的EDS图谱　　（g）元素面扫描图谱3　　（j）元素面扫描图谱6

图 6-12　低钙胶凝材料的 BSE-EDS 图谱

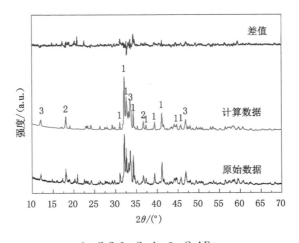

1—C_2S；2—$C_{12}A_7$；3—C_4AF。

图 6-13　低钙胶凝材料的 XRD 图谱

表 6-4　低钙胶凝材料 XRD 定量分析(质量分数)　　　　单位:%

材料	β-C₂S	α-C₂S	C₁₂A₇	C₄AF
含量	52.1	9.1	10.2	28.6

由表 6-4 可以看出:硅酸二钙矿物不仅包括 β 型硅酸二钙,还包括较多的 α 型高温晶型硅酸二钙,高温晶型具有较高的反应活性,α 型高温晶型硅酸二钙的稳定性与拜耳法赤泥中大量的碱金属离子有关。C₂S、C₄AF 和 C₁₂A₇ 的含量分别为 61.2%、28.6% 和 10.2%。

6.4.6.2　FT-IR 图谱分析

低钙胶凝材料的 FT-IR 图谱如图 6-14 所示,909 cm⁻¹ 和 996 cm⁻¹ 处出现的较宽的吸收峰由 Si-O 基团的不对称伸缩振动引起,521 cm⁻¹ 处的吸收峰由 Si-O 基团的面外弯曲振动引起,为典型的岛状硅酸二钙矿物的吸收峰。

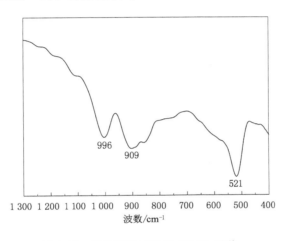

图 6-14　低钙胶凝材料的 FT-IR 图谱

6.4.6.3　SEM 图像分析

低钙胶凝材料的 BSE 图像如图 6-15 所示,基于灰度特征及 EDS 图谱,可见熟料由 C₁₂A₇(平均相对原子质量为 13.53,较黑的相)、C₂S(平均相对原子质量为 14.57,灰色相)以及 C₄AF(平均相对原子质量为 16.67,较白的相)组成。硅酸二钙主要为椭圆形,铁铝酸四钙为针状颗粒,铝酸盐填充在硅酸二钙和铁铝酸四钙中间。此外根据灰度差异,通过 Image-Pro 图像处理软件可以得到各矿物所占百分比,如图 6-16 所示,再乘以相应矿物的密度,可以得到各矿物的含量。计算用矿物密度值如下:① C₂S:3.28 g/cm³;② C₄AF:3.77 g/cm³;③ C₁₂A₇:2.68 g/cm³。

通过 Image-Pro 得到的灰度分布频率及累计分布图如图 6-16 所示,可以看出有 3 个明显的分布峰,分别代表 C₁₂A₇、C₂S 和 C₄AF 矿物,通过拟合得到各峰的面积分别为 26.6%、55.9% 和 17.5%,通过密度换算得到各矿物的质量分数分别为 22.2%、57.2%、20.6%。

通过 BSE 图像结合 Image Pro 图像分析法计算得到的各矿物含量和 XRD 全谱拟合定量分析结果对比见表 6-5,由表可见图像分析法得到的 C₁₂A₇ 矿物的含量偏大。其可能原因为:C₁₂A₇ 矿物(较黑的相)灰度值较低,与熟料孔隙处灰度值类似,图像分析过程中将熟料

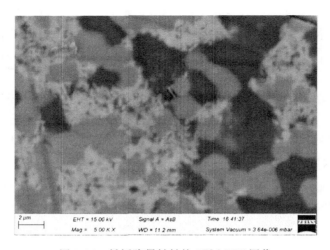

图 6-15　低钙胶凝材料的 SEM-BSE 图像

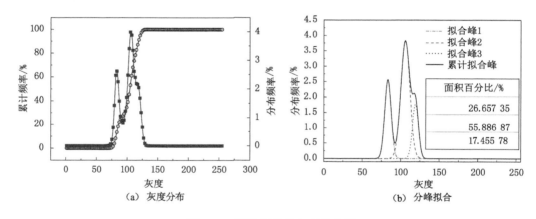

图 6-16　BSE 图像的灰度分布图

的孔隙体积计算在内,从而导致 $C_{12}A_7$ 矿物含量偏大,另外两种矿物含量偏小。

表 6-5　不同方法的定量分析结果(质量分数)　　　　单位:%

	C_2S	$C_{12}A_7$	C_4AF
QXRD	61.2	10.2	28.6
BSE-Image Pro	57.2	22.2	20.6

6.5　C_2S-C_4AF-$C_{12}A_7$ 型低钙胶凝材料的碳化硬化性能

6.5.1　低钙胶凝材料矿物组成与碳化硬化性能之间的关系

以上结果表明:硅酸二钙单矿具有优异的碳化硬化性能,铝酸钙和铁铝酸四钙矿物的碳化性能较差,但是实际生产过程中不可避免生成其他铝酸钙和铁铝酸钙矿物,多矿物之间的协同作用还不清楚,因此需要研究材料矿物组成与硬化性能之间的关系。

6.5.1.1　质心设计法

胶凝材料各矿物组成与胶凝性能密切相关,建立组成与性能之间的关系对指导低钙胶凝材料的矿物设计和生产制备意义重大。质心设计法是由 Scheffe 提出的混料设计方法,近年来,史才军等将其广泛用于三元体系混凝土材料的组成设计中,取得了一系列成果[59,70-71]。研究结果表明:对于 3 组分胶凝材料,通过测试三角形顶点、三条边中点和质心点 7 个试验点的性能,利用软件就可以在三元坐标体系中得到相应的等值线图和对应的函数公式,可以很好地研究材料组成与性能之间的关系。因此,利用此先进的材料设计方法,在 C_2S-C_4AF-$C_{12}A_7$ 三元组分胶凝材料体系中设计了 7 组试验,研究其组分与硬化性能之间的关系。

考虑到赤泥基胶凝材料体系中 $C_{12}A_7$ 通常的组成范围为 $0\sim20\%$,C_4AF 通常的组成范围为 $0\sim50\%$,在此基础上设计了一个三角形,如图 6-17 所示。选取这个三角形的 3 个顶点、三条边的中点和质心 7 个组成点进行配料,配料组成见表 6-6。在三角形质心设计方法中假定 3 种胶凝材料的组分分别为 x_1,x_2,x_3,则:

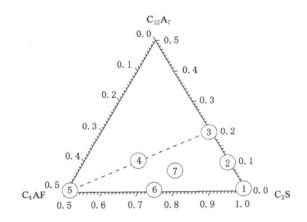

图 6-17　质心设计法设计低钙胶凝材料矿物组成

表 6-6　C_2S-C_4AF-$C_{12}A_7$ 三元胶凝材料组分　　　　　　　　　　　单位:%

试样编号	C_2S	$C_{12}A_7$	C_4AF
1	100	0	0
2	90	10	0
3	80	20	0
4	65	10	25
5	50	0	50
6	75	0	25
7	76.7	6.6	16.7

$$Y = \beta_1 x_1 + \beta_2 x_2 + \beta_3 x_3 + \beta_{12} x_1 x_2 + \beta_{23} x_2 x_3 + \beta_{13} x_1 x_3 + \beta_{123} x_1 x_2 x_3 \tag{6-15}$$

式中，x_1，x_2，x_3 为 3 种胶凝材料各自的组分（C_2S、$C_{12}A_7$、C_4AF）的质量百分比；Y 为因变量，表示水泥基材料的某一性能，如试块增重率、吸水率、抗压强度；β 为方程的系数，即各组分对低钙胶凝材料某一性能影响因子。

6.5.1.2 碳化硬化性能

各矿物的碳化反应是一个增重的过程，且各矿物碳化形成的碳化产物的微观结构和含量不同，因此形成碳化硬化体的孔隙率和抗压强度不同，其中孔隙率可通过测试试块的吸水率表示。因此分别测试了 7 组试样的碳化增重率、吸水率和抗压强度，见表 6-7。将表 6-7 中数据代入式（6-15），通过非线性多元函数拟合可得到各组分对低钙胶凝材料性能的影响系数 β_i，从而得到低钙胶凝材料性能与组成之间的函数关系式及等值线图。

表 6-7　各试样的碳化性能

试验编号	增重率/%	吸水率/%	抗压强度/MPa
1	10.45	10.19	90.97
2	13.74	9.41	91.61
3	16.17	9.10	97.25
4	15.41	7.20	109.00
5	15.56	6.25	107.95
6	11.32	6.83	85.63
7	15.92	6.13	122.31

6.5.1.3 非线性多元函数拟合

通过 MATLAB 中的 nlinfit 函数可进行数据的非线性拟合，拟合可得各组分对碳化硬化性能的影响系数 β_i，编程代码如下：

```
% By lsh
clc;clear all;close all;
X=[100 0 0;90 10 0;80 20 0;65 10 25;50 0 50;75 0 25;76.7 6.6 16.7];%输入 7 组配合比
Y=[10.45 13.74 16.17 15.41 15.56 11.32 15.92];%输入 7 组性能数据
beta0=ones(1,7);%初始参数值
beta=nlinfit(X,Y,@fun,beta0);%fun 为组分与性能之间的函数关系式
beta%输出拟合参数值β
```

其中，fun 函数的定义如下：

```
function[Y]=fun(beta,X)
for i=1:7
a=beta(1,1);b=beta(1,2);c=beta(1,3);d=beta(1,4);e=beta(1,5);f=beta(1,6);
g=beta(1,7);
x1=X(i,1);x2=X(i,2);x3=X(i,3);
```

Y(i)＝a＊x1＋b＊x2＋c＊x3＋d＊x1＊x2＋e＊x2＊x3＋f＊x1＊x3＋g＊x1＊x2＊x3；
End

通过拟合得到组成与碳化性能之间的关系式如下：

$$y_{增重率}=0.104\ 5x_1+0.046\ 5x_2+0.341\ 5x_3+0.004\ 3x_1x_2-0.128\ 4x_2x_3-$$
$$0.002\ 7x_1x_3+0.002x_1x_2x_3 \tag{6-16}$$

$$y_{吸水率}=0.101\ 9x_1+0.235\ 4x_2+0.134\ 3x_3-0.002\ 3x_1x_2+0.072\ 9x_2x_3-$$
$$0.002\ 2x_1x_3-0.001\ 1x_1x_2x_3 \tag{6-17}$$

$$y_{强度}=0.909\ 7x_1+6.008\ 2x_2+3.767\ 5x_3-0.055\ 9x_1x_2-1.760\ 2x_2x_3-$$
$$0.048\ 8x_1x_3+0.027\ 8x_1x_2x_3 \tag{6-18}$$

6.5.1.4　矿物组成与碳化增重率之间的关系

矿物组成与材料碳化增重率之间的关系如图 6-18 所示。由图 6-18 可知：各组成具有较高的碳化增重率，均大于 10％；提高 $C_{12}A_7$、C_4AF 的含量，试块增重率均提高，说明 $C_{12}A_7$、C_4AF 的碳化活性更高；随着 $C_{12}A_7$ 含量的提高，试块增重率的增长速率大于随 C_4AF 含量提高的增长速率，说明 $C_{12}A_7$ 对增重率的贡献大于 C_4AF。这些结果与各单矿的碳化活性和增重率的变化规律一致。

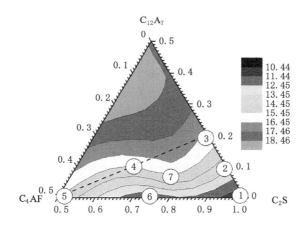

图 6-18　矿物组成与材料碳化增重率之间的关系图

6.5.1.5　矿物组成与碳化后试块孔隙率之间的关系

矿物组成与材料碳化吸水率之间的关系如图 6-19 所示。由图 6-19 可知：各配合比的试块吸水率均较低，小于 11％，说明碳化以后形成了致密的硬化体；提高 C_4AF 含量，试块的吸水率可进一步降低，说明 C_4AF 能够优化试块的孔隙结构，降低试块的孔隙率；增大 $C_{12}A_7$ 的含量时试块的吸水率先降低后升高，说明 $C_{12}A_7$ 的含量不宜过高。

理论上来说，碳化增重率越大，碳化生成的碳化产物越多，试块的孔隙率越小，其吸水率越小，但是碳化增重率的变化规律与试块吸水率随矿物组成变化规律不一致。说明碳化硬化体微观结构的形成不仅与碳化产物的量有关，还与碳化产物的组成和微观结构有关。

6.5.1.6　矿物组成与材料碳化硬化性能之间的关系

矿物组成与材料碳化硬化性能之间的关系如图 6-20 所示。由图 6-20 可知：试块碳化

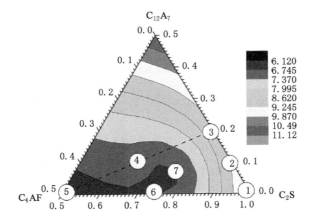

图 6-19 矿物组成与硬化浆体吸水率之间的关系图

后具有优异的物理、力学性能,抗压强度均大于 85 MPa;随着 $C_{12}A_7$、C_4AF 含量的增加,抗压强度先增大后减小,说明存在一个合适的组成区域能够使之具有较好的力学性能。

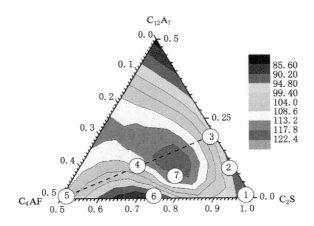

图 6-20 矿物组成与材料碳化硬化性能之间的关系图

试块增重率和吸水率与试块抗压强度之间的关系如图 6-21 所示。由图 6-21 可知:试块的抗压强度与试块的增重率之间并没有线性关系,而与试块的吸水率具有较好的线性关系,而试块的吸水率与碳化生成产物的微观结构密切相关。这说明具有碳化活性的矿物的胶凝性并不一定好,还与碳化生成产物的微观结构密切相关。

比如,$C_{12}A_7$、C_4AF 的碳化活性很高,碳化反应速率也很快,碳化程度也较高,但是其单矿的碳化硬化性能都很差;C_2S 虽然碳化程度不高,但是碳化后具有较高的力学性能。这 3 种矿物都生成了大量的碳酸钙晶体,不同之处是 C_2S 碳化还生成了高度聚合的 SiO_2 凝胶,SiO_2 凝胶聚合过程中会形成三维网状结构,使颗粒之间黏结更紧密;而 $C_{12}A_7$、C_4AF 碳化后生成的铝胶和铁胶不能发生聚合反应,与碳化生成的碳酸钙晶体类似,只能填充在 C_2S 碳化形成的骨架中。所以,在三元复合体系中,C_2S 碳化后能够形成硬化体的网络骨架,适当含量的 $C_{12}A_7$、C_4AF 能够进一步优化单一 C_2S 体系所形成硬化体的微观结构,这也是三

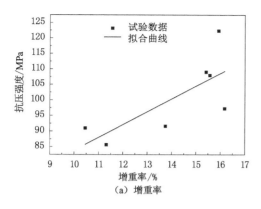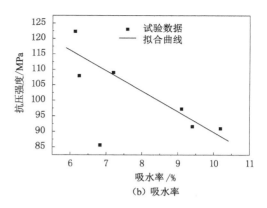

（a）增重率　　　　　　　　　　　（b）吸水率

图 6-21　试块增重率和吸水率与抗压强度之间的关系曲线

元复合体系具有比 C_2S 单矿体系更优的力学性能的原因。

6.5.2　低钙胶凝材料的碳化硬化性能

　　低钙胶凝材料组成矿物均具有较高的碳化反应活性，且碳化反应主要集中在前 2 h 时，碳化养护过程中此胶凝材料立方体试块的抗压强度随碳化时间的变化规律如图 6-22 所示。由图 6-22 可知：随着碳化时间的增加，试块的抗压强度增大，且强度增长主要集中在前 2 h 内，碳化 2 h 后抗压强度能达到 51.79 MPa，达到碳化 24 h 抗压强度的 72.2%，且高于此胶凝材料水化 90 d 的抗压强度，说明碳化养护能大幅提高此胶凝材料的早期力学性能。

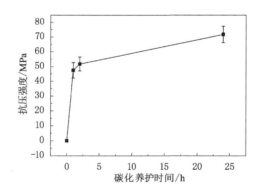

图 6-22　试块抗压强度随碳化养护时间的变化规律

6.5.3　低钙胶凝材料碳化硬化体微观结构及硬化机理分析

6.5.3.1　碳化产物的种类及含量

　　低钙胶凝材料碳化前、后试样的 XRD 图谱如图 6-23 所示，碳化 2 h 后，低钙胶凝材料中各矿物的衍射峰强度均显著降低，特别是 C_2S 矿物的衍射峰也显著下降，说明碳化养护能激发硅酸二钙矿物的早期活性，与前面的单矿碳化结果一致；出现了强烈的碳酸钙衍射峰，说明碳化后生成了较多的碳酸钙碳化产物，随着碳化时间的增加，碳化产物种类不变，含量增加;碳化 2～24 h 内低钙矿物的衍射峰强度降低量相比 0～2 h 内有所减少,说明碳化前 2 h 内反应速率较快,随后形成碳化产物层,碳化反应速率降低,这些结果与之前的单矿碳化结果一致。低钙胶凝材料的碳化反应过程可用下列方程式表示:

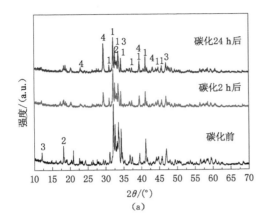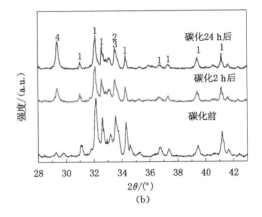

1—C_2S;2—$C_{12}A_7$;3—C_4AF;4—方解石。

图 6-23　碳化不同时间后试块的 XRD 图谱

$$2CaO \cdot SiO_2 + 2CO_2 \longrightarrow 2CaCO_3 + SiO_2(凝胶) \qquad (6-19)$$

$$12CaO \cdot 7Al_2O_3 + 12CO_2 + 21H_2O \longrightarrow 12CaCO_3 + 14Al(OH)_3 \qquad (6-20)$$

$$4CaO \cdot Al_2O_3 \cdot Fe_2O_3 + 4CO_2 + 6H_2O \longrightarrow 4CaCO_3 + 2Al(OH)_3 + 2Fe(OH)_3 (6-21)$$

碳化不同时间后试样的热分析图谱如图 6-24 所示,图中有 3 个阶段失重并伴随吸热,100 ℃左右为凝胶水的蒸发,260 ℃为氢氧化铝凝胶的脱水分解,500～800 ℃为碳酸钙的分解。由图 6-24 可以看出:碳化 2 h 即生成了较多的碳化产物,随着碳化时间的增加,各阶段的失重率增大,碳化程度提高,且碳化 2 h 的失重率约为 24 h 的 70%,表明碳化早期水化反应较快,生成的碳化产物较多,根据文献[72-73]计算可得碳化 2 h 和 24 h 后试块的碳化程度分别为 28.85% 和 41.21%。

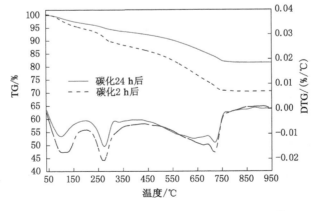

图 6-24　碳化不同时间后试块的 TG/DTG 图谱

6.5.3.2　碳化产物的微观结构

碳化不同时间后试块的 SEM 图像如图 6-25 所示,碳化 2 h 后颗粒表层生成了较多碳酸钙,碳酸钙呈立方体状,随着碳化时间的增加,颗粒之间孔隙率显著降低,形成了致密的硬化体结构。

（a）碳化 2 h 后　　　　　　　　　　（b）碳化 24 h 后

图 6-25　碳化试样的 SEM 图像

6.5.3.3　碳化硬化体的孔结构

碳化不同时间后硬化体的孔径分布累计曲线和微分曲线如图 6-26 所示。表 6-8 列出了不同碳化时间后的试块孔隙率、总孔体积、平均孔径和孔径分布。相比水化养护 90 d 的试块,即使是碳化 2 h 的试块,其孔隙率和总孔体积都显著降低,密实度较高,且随着碳化时间的增加其孔隙率和总孔体积进一步降低,但是降低幅度不大,表明碳化养护能迅速激发低钙胶凝材料的反应活性,反应后生成了致密的硬化体,这也是此胶凝材料碳化后物理、力学性能较高的原因。碳化 2 h 后的试块,平均孔径较大,其中大于 200 nm 的孔体积占总孔体积的 93.31%,这是因为碳化反应后碳化产物包裹在原颗粒表层,颗粒之间有较多孔隙。随着碳化时间的增加,碳化产物层厚度增大,颗粒之间的孔径减小,由于碳化生成的凝胶含有较多纳米孔,小于 20 nm 的孔体积增加。由于碳化反应包裹层的不断增厚,后期的碳化反应速率显著降低。此外,相比水化硬化试块,碳化试块小于 200 nm 的孔径较少,表明碳化产物比水化产物更密实,具有更高的胶结性能,这也是碳化试块具有较高力学性能的原因之一。

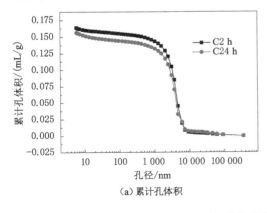 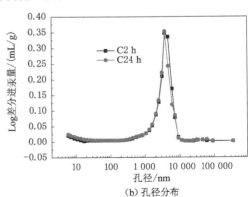

（a）累计孔体积　　　　　　　　　　（b）孔径分布

图 6-26　不同养护条件下硬化体的孔结构参数

表 6-8　净浆的孔结构参数

试样	孔隙率/%	总孔体积/(mL/g)	平均孔径/nm	孔径分布			
				<20 nm	$20\sim50$ nm	$50\sim200$ nm	>200 nm
C2h	31.17	0.163 7	3 787.80	3.26%	1.23%	2.20%	93.31%
C24h	28.85	0.156 5	3 508.73	5.28%	1.6%	2.26%	90.86%
H90d	30.68	0.162 6	82.6	13.05%	18.97%	59.83%	8.15%

6.6　本章小节

（1）利用拜耳法赤泥和石灰石为原料在 1 200 ℃煅烧制备了一种新型低钙胶凝材料，该胶凝材料以 C_2S、C_4AF 和 $C_{12}A_7$ 为主要矿物，提出了该体系胶凝材料的配料计算方法。该胶凝材料的矿物形成过程如下：煅烧过程中拜耳法赤泥中的水铝石、钙霞石等矿物和石灰石中的碳酸钙逐渐分解产生 CaO、SiO_2、Al_2O_3 等氧化物，900 ℃时氧化钙与氧化铝结合形成 $C_{12}A_7$ 矿物，CaO 反应完全，随着温度的进一步提高，1 100 ℃时 C_2S 大量形成，$C_{12}A_7$ 可吸收拜耳法赤泥中的 Fe_2O_3 形成 C_4AF，最终形成以 C_2S、C_4AF 和 $C_{12}A_7$ 为主要矿物组成的胶凝材料。拜耳法赤泥中的碱能稳定高温介稳态的硅酸二钙矿物晶型（α-C_2S），但是大部分碱主要固溶在 $C_{12}A_7$ 矿物中，低钙胶凝材料各矿物的形貌和分布为：硅酸二钙主要为椭圆形；铁铝酸四钙为针状颗粒；七铝酸十二钙填充在硅酸二钙和铁铝酸四钙中间。

（2）在三元复合低钙胶凝材料体系中，C_2S 碳化后能够形成硬化体的网络骨架，适当含量的 $C_{12}A_7$、C_4AF 能够进一步优化单一 C_2S 体系所形成硬化体的微观结构，具有比 C_2S 单矿体系更优的力学性能。低钙胶凝材料的主要碳化产物为碳酸钙、二氧化硅凝胶、氢氧化铝和氢氧化铁凝胶，碳化产物的形成主要集中在前 2 h 内，随后碳化反应的进行速率显著降低，碳化后试块的孔隙率显著降低，形成了致密的硬化体结构，这也是此低钙胶凝材料碳化凝结硬化的主要原因。

参 考 文 献

[1] MATSUSHITA F, AONO Y, SHIBATA S. Calcium silicate structure and carbonation shrinkage of a tobermorite-based material[J]. Cement and concrete research, 2004, 34 (7): 1251-1257.

[2] MORANDEAU A, THIÉRY M, DANGLA P. Investigation of the carbonation mechanism of CH and C-S-H in terms of kinetics, microstructure changes and moisture properties[J]. Cement and concrete research, 2014, 56: 153-170.

[3] MORANDEAU A, THIÉRY M, DANGLA P. Impact of accelerated carbonation on OPC cement paste blended with fly ash[J]. Cement and concrete research, 2015, 67: 226-236.

[4] WU B, YE G. Carbonation mechanism of different kind of C-S-H: rate and products [C]// International RILEM conference on materials, systems and structures in civil engineering conference segment on concrete with supplementary cementitious materials. Lyngby: Technical University of Denmark, 2016.

[5] LI Y Q, LIU W, XING F, et al. Carbonation of the synthetic calcium silicate hydrate (C-S-H) under different concentrations of CO_2: chemical phases analysis and kinetics [J]. Journal of CO_2 utilization, 2020, 35: 303-313.

[6] 管学茂, 刘松辉, 张海波, 等. 低钙硅酸盐矿物碳化硬化性能研究进展[J]. 硅酸盐学报, 2018, 46(2): 263-267.

[7] 史才军, 何平平, 涂贞军, 等. 预养护对二氧化碳养护混凝土过程及显微结构的影响[J]. 硅酸盐学报, 2014, 42(8): 996-1004.

[8] 常钧, 吴昊泽. 钢渣碳化机理研究[J]. 硅酸盐学报, 2010, 38(7): 1185-1190.

[9] 侯贵华, 卢豹, 邰效娇, 等. 新型低钙水泥的制备及其碳化硬化过程[J]. 硅酸盐学报, 2016, 44(2): 286-291.

[10] 穆元冬, 雪高瑞, 赵思雪, 等. γ 型硅酸二钙的碳化研究进展[J]. 硅酸盐学报, 2017, 45 (8): 1197-1203.

[11] GOODBRAKE C J, YOUNG J F, BERGER R L. Reaction of hydraulic calcium silicates with carbon dioxide and water[J]. Journal of the Americanceramic society, 1979, 62(9-10): 488-491.

[12] BUKOWSKI J M, BERGER R L. Reactivity and strength development of CO2 activated non-hydraulic calcium silicates[J]. Cement andconcrete research, 1979, 9(1): 57-68.

[13] BERGER R L, YOUNG J F, LEUNG K. Acceleration of hydration of calcium silicates

by carbon dioxide treatment[J]. Nature,1972,240(97):16-18.

[14] YOUNG J F,BERGER R L,BREESE J. Accelerated curing of compacted calcium silicate mortars on exposure to CO2[J]. Journal of the Americanceramic society,1974,57(9):394-397.

[15] ASHRAF W,OLEK J,JAIN J. Microscopic features of non-hydraulic calcium silicate cement paste and mortar[J]. Cement and concrete research,2017,100:361-372.

[16] ASHRAF W,OLEK J,TIAN N N. Multiscale characterization of carbonated wollastonite paste and application of homogenization schemes to predict its effective elastic modulus[J]. Cement andconcrete composites,2016,72:284-298.

[17] LU B,SHI C J,HOU G H. Strength and microstructure of CO_2 cured low-calcium clinker[J]. Construction and building materials,2018,188:417-423.

[18] 邱满,管学茂,刘松辉,等.用工业原料制备自粉化低碳水泥[J].硅酸盐通报,2016,35(12):3948-3951.

[19] 常钧.用碳化养护电弧熔炉钢渣制备集料和混凝土[J].硅酸盐学报,2007,35(9):1264-1269.

[20] WANG D,CHANG J,ANSARI W S. The effects of carbonation and hydration on the mineralogy and microstructure of basic oxygen furnace slag products[J]. Journal of CO_2 utilization,2019,34:87-98.

[21] GUAN X M,LIU S H,FENG C H,et al. The hardening behavior of γ-C2S binder using accelerated carbonation[J]. Construction andbuilding materials,2016,114:204-207.

[22] 刘松辉,魏丽颖,赵松海,等.高强低钙硅酸盐水泥制备关键技术研究[J].水泥工程,2014(3):22-23.

[23] HOU G H,CHEN J N,LU B,et al. Composition design and pilot study of an advanced energy-saving and low-carbon rankinite clinker[J]. Cement andconcrete research,2020,127:105926.

[24] BENHELAL E,ZAHEDI G,HASHIM H. A novel design for green and economical cement manufacturing[J]. Journal of cleaner production,2012,22(1):60-66.

[25] IMBABI M S,CARRIGAN C,MCKENNA S. Trends and developments in green cement and concrete technology[J]. International journal of sustainable built environment,2012,1(2):194-216.

[26] 宋晓岚,黄学辉.无机材料科学基础[M].北京:化学工业出版社,2005:247.

[27] REGOURD M. Crystal chemistry of Portland cement phases[M]. New York:Applied Science Publishers,1983.

[28] 刘松辉,魏丽颖,周双喜,等.高强低钙硅酸盐水泥研究进展[J].硅酸盐通报,2014,33(3):553-557.

[29] 王倩倩,李晓冬,沈晓冬.硅酸钙矿物的晶体结构[J].南京工业大学学报(自然科学版),2017,39(1):39-45.

[30] WANG Q,LI F,SHEN X,et al. Relation between reactivity and electronic structure

for α′L-,β- and γ-dicalcium silicate:A first-principles study[J]. Cement and concrete research,2014,57:28-32.

[31] 张雄.C₂S 转晶反应定量调控[J].硅酸盐学报,1995,23(6):680-684.

[32] 张联盟,黄学辉,宋晓岚.材料科学基础[M].2 版.武汉:武汉理工大学出版社,2008.

[33] 王倩倩,李晓冬,沈晓冬.硅酸钙矿物的晶体结构[J].南京工业大学学报(自然科学版),2017,39(1):39-45.

[34] 洪景南,孙俊民,许学斌,等.活性硅酸钙高温相变历程研究[J].硅酸盐通报,2016,35(3):736-742.

[35] 胡伟.α-CaSiO3 基微波介质陶瓷的组成设计与介电性能[D].武汉:武汉理工大学,2015.

[36] BOUATROUS M,BOUZERARA F,BHAKTA A K,et al. A modified wet chemical synthesis of Wollastonite ceramic nanopowders and their characterizations[J]. Ceramics international,2020,46(8):12618-12625.

[37] YAMANAKA T,MORI H. The structure and polytypes of α-CaSiO₃ (pseudowollastonite)[J]. Acta crystallographica section B,1981,37(5):1010-1017.

[38] YANG H X,PREWITT C T. On the crystal structure of pseudowollastonite (CaSiO₃)[J]. American mineralogist,1999,84(5-6):929-932.

[39] YANG H X,PREWITT C T. Crystal structure and compressibility of a two-layer polytype of pseudowollastonite (CaSiO₃)[J]. American mineralogist,1999,84(11-12):1902-1905.

[40] 刘松辉,张海波,管学茂,等.钠离子对硅酸二钙碳化产物的影响[J].建筑材料学报,2018,21(6):956-962.

[41] ASHRAF W,OLEK J. Carbonation behavior of hydraulic and non-hydraulic calcium silicates:potential of utilizing low-lime calcium silicates in cement-based materials [J]. Journal of materials science,2016,51(13):6173-6191.

[42] 阎培渝,郑峰.水泥基材料的水化动力学模型[J].硅酸盐学报,2006,34(5):555-559.

[43] 韩方晖,王栋民,阎培渝.含不同掺量矿渣或粉煤灰的复合胶凝材料的水化动力学[J].硅酸盐学报,2014,42(5):613-620.

[44] 杨惠先,金树新,宗少民.无水硫铝酸钙水化热动力学特性的研究[J].石家庄铁道学院学报,1995,8(1):75-80.

[45] 史才军,巴维尔·克利文科,黛拉·罗伊.碱-激发水泥和混凝土[M].史才军,郑克仁,译.北京:化学工业出版社,2008.

[46] 徐冠立,孙遥,林金辉.含钡硫铝酸盐水泥的水化动力学与热力学研究[J].材料导报,2013,27(12):126-130.

[47] 贺可音.硅酸盐物理化学[M].武汉:武汉工业大学出版社,1995.

[48] MO L W,PANESAR D K. Effects of accelerated carbonation on the microstructure of Portland cement pastes containing reactive MgO[J]. Cement and concrete research,2012,42(6):769-777.

[49] PUERTAS F,PALACIOS M,MANZANO H,et al. A model for the C-A-S-H gel formed in alkali-activated slag cements[J]. Journal of the european ceramic society,

2011,31(12):2043-2056.

[50] HANSEN M R,JAKOBSEN H J,SKIBSTED J. 29Si chemical shift anisotropies in calcium silicates from high-field 29Si MAS NMR spectroscopy[J]. Inorganic chemistry, 2003, 42(7):2368-2377.

[51] 杨南如. 非传统胶凝材料化学[M]. 武汉:武汉理工大学出版社,2018.

[52] 管学茂,邱满,李海艳,等. 自粉化低钙水泥的制备方法及其碳化硬化性能[J]. 建筑材料学报,2018,21(5):775-779.

[53] 管学茂,邱满,刘松辉,等. 自粉化低碳水泥的制备及其碳化硬化性能[J]. 硅酸盐学报, 2016,44(11):1558-1562.

[54] 赵文卿,程欢朝,王杏,等. 运用 excel 的规划求解进行配料计算[J]. 水泥技术,2008 (6):79-80.

[56] 梁晓杰,常钧,王斌云,等. 水泥的碳酸化工艺研究[J]. 水泥工程,2012(1):23-25.

[57] 叶大伦. 实用无机物热力学数据手册[M]. 2 版. 北京:冶金工业出版社,1981.

[58] 刘玉芹. 硅酸盐陶瓷相图[M]. 北京:化学工业出版社,2011.

[59] 史才军,王德辉,安晓鹏,等. 基于多种性能要求的混凝土组成设计方法[J]. 硅酸盐学报,2018,46(2):230-238.

[60] WANG D H,CHEN Z Y. On predicting compressive strengths of mortars with ternary blends of cement,ggbfs and fly ash[J]. Cement and concrete research,1997,27 (4):487-493.

[61] 孙伟,严捍东. 复合胶凝材料组成与混凝土抗压强度定量关系研究[J]. 东南大学学报（自然科学版）,2003,33(4):450-453.

[62] 周万良,詹炳根,龙靖华. 基于单纯形重心设计法的掺合料混凝土配合比设计[J]. 建筑材料学报,2014,17(4):666-671.

[63] SHI C J,HU S F. Cementitious properties of ladle slag fines under autoclave curing conditions[J]. Cement and concrete research,2003,33(11):1851-1856.

[64] LIU S H,DOU Z Z,ZHANG S S,et al. Effect of sodium hydroxide on the carbonation behavior of β-dicalcium silicate[J]. Construction and building materials,2017,150: 591-594.

[65] LIU S H,GUAN X M,ZHANG S S,et al. Sintering red mud based imitative ceramic bricks with CO_2 emissions below zero[J]. Materials letters,2017,191:222-224.

[66] 刘松辉,管学茂,魏红姗,等. 烧结法赤泥加速碳化动力学研究[J]. 轻金属,2017(5): 13-17.

[67] 刘松辉,管学茂,冯春花,等. 赤泥安全堆存和综合利用研究进展[J]. 硅酸盐通报, 2015,34(8):2194-2200.

[68] LIU S H,GUAN X M,ZHANG S S,et al. Sintered bayer red mud based ceramic bricks: Microstructure evolution and alkalis immobilization mechanism[J]. Ceramics international, 2017,43(15):13004-13008.

[69] KE X Y,BERNAL S A,YE N,et al. One-part geopolymers based on thermally treated red mud/NaOH blends[J]. Journal of the American ceramic society,2015,98(1):5-11.

[70] 史才军,石振国,卢都友,等.长沙地区湘江砂卵石的碱活性及安全使用条件[J].硅酸盐学报,2011,39(1):13-19.

[71] 安晓鹏,史才军,何富强,等.三组分胶凝材料体系的交流阻抗特性[J].硅酸盐学报,2012,40(7):1059-1066.

[72] CHANG J,FANG Y F. Quantitative analysis of accelerated carbonation products of the synthetic calcium silicate hydrate(C-S-H) by QXRD and TG/MS[J]. Journal of thermal analysis and calorimetry,2015,119(1):57-62.

[73] LIU S H,GUAN X M,ZHANG S S,et al. Sintering red mud based imitative ceramic bricks with CO_2 emissions below zero[J]. Materials letters,2017,191:222-224.